WPS 办公软件应用

WPS BANGONG RUANJIAN YINGYONG

主　编　周兴龙　王　川

副主编　何文杰　李翎秀宇　谢迎奉

参　编　肖继强

重庆大学出版社

图书在版编目（CIP）数据

WPS办公软件应用/周兴龙，王川主编.--重庆：
重庆大学出版社，2024.7. --ISBN 978-7-5689-4617-9
Ⅰ.TP317.1
中国国家版本馆CIP数据核字第2024MG9454号

WPS办公软件应用

主 编 周兴龙 王 川
副主编 何文杰 李翎秀宇 谢迎奉

策划编辑：章 可

责任编辑：王晓蓉 版式设计：章 可
责任校对：刘志刚 责任印制：赵 晟

*

重庆大学出版社出版发行
出版人：陈晓阳
社址：重庆市沙坪坝区大学城西路21号
邮编：401331
电话：（023）88617190 88617185（中小学）
传真：（023）88617186 88617166
网址：http://www.cqup.com.cn
邮箱：fxk@cqup.com.cn（营销中心）
全国新华书店经销
重庆永驰印务有限公司印刷

*

开本：787mm×1092mm 1/16 印张：11.25 字数：275千
2024年7月第1版 2024年7月第1次印刷
ISBN 978-7-5689-4617-9 定价：36.00元

前言

　　WPS Office是金山办公软件股份有限公司自主研发的一款办公软件套装，拥有办公软件最常用的文字、表格、演示文稿制作等功能。本书针对相应行业的对应岗位对基本办公技能的要求，重点介绍了文档编辑、表格管理、演示文稿制作以及PDF应用等方面的基础知识和技能。本书可以作为"WPS办公应用职业技能等级标准"的"1+X"证书培训教材，也可作为中等职业学校计算机类、财经商务类等相关专业的教材，还可作为公共基础课程"信息技术"的辅助教材。

　　本书使用以任务为驱动的项目教学方式，将每个项目分解为多个任务，任务包含任务概述、制作思路、制作步骤、自我测试4个部分。本书中的案例均选自实际工作中可能遇到的问题，为了解决问题，从而介绍相应的知识和技能，在此过程中还要帮助学生培养良好的职业素养。

　　本书共分4个项目，项目一介绍WPS文字，包括WPS文字的基础操作、文字文档的编辑、文字文档的排版、文字文档的输出与打印等内容；项目二介绍WPS表格，包括电子表格的基本操作、电子表格的格式设置、电子表格的函数使用、电子表格的图表制作等；项目三介绍WPS演示，包括演示文稿的创建、演示文稿的编辑、演示文稿的排版、演示文稿的动画制作以及演示文稿的演示等；项目四介绍WPS PDF，包括WPS PDF基础操作、WPS PDF页面管理等。

　　本书使用的软件版本为WPS教育版。

　　由于编者水平有限，书中难免有疏漏之处，敬请读者批评指正。

编　者

2024年1月

目录

项目一
WPS文字

项目导读

文档经过编辑、修改后，通常还需进行排版，才能成为一篇图文并茂、赏心悦目的文章。WPS文字提供了丰富的排版功能。本项目利用WPS文字进行简单的文档编辑及版面设置，通过完成公司培训通知、公司文化文档等实例，从而学习文档的字体设置、段落设置、符号的使用等。

知识目标

了解文档页面包含的内容；
熟悉编辑文本、设置文本格式的操作；
了解边框、底纹和项目符号的作用；
了解表格的使用；
了解图片的插入方法。

能力目标

能够根据文档内容设置文档页面；
能够编辑文本并设置其字符格式和段落格式；
能够根据需要为段落添加边框和底纹；
能够自定义项目符号并应用。

素质目标

增强遵守规则的意识，养成按规矩行事的习惯；
认识自我，自觉树立和践行社会主义核心价值观。

任务一

认识WPS文字

任务概述

熟练掌握WPS窗口管理模式的切换及界面的切换。

一、WPS文字的界面布局

WPS文字的工作界面主要包括标签栏、功能区、编辑区、任务窗格、状态栏等部分，图1-1所示为WPS文字的工作界面。

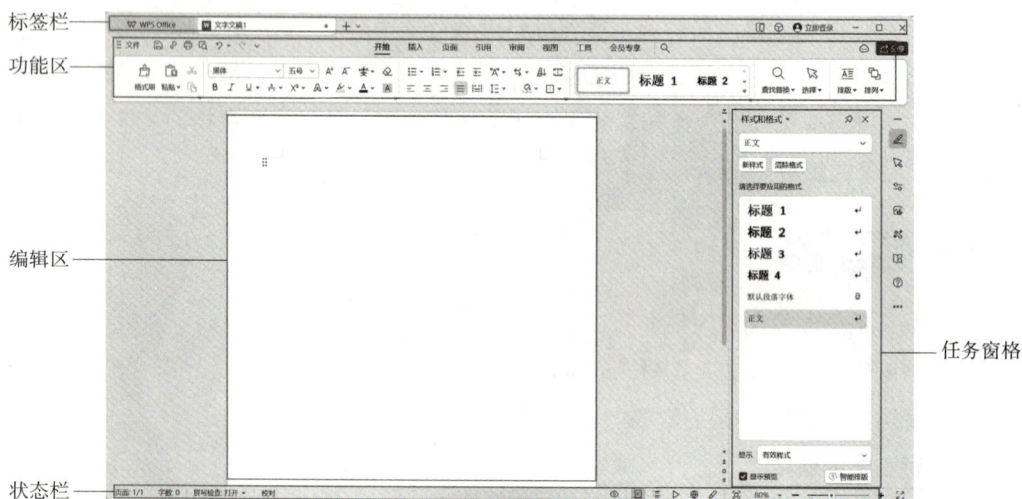

图1-1　WPS文字工作界面

1.标签栏

标签栏用于标签切换和窗口控制，包括标签区(访问/切换/新建文档、网页、服务)、窗口控制区(切换/缩放/关闭工作窗口、登录/切换/管理账号)。

2.功能区

功能区放置了各类功能的入口，包括功能区选项卡、文件菜单、快速访问工具栏（默认置于功能区内）、快捷搜索框、协作状态区等。

3.编辑区

编辑区是文本内容编辑和呈现的主要区域，包括文档页面、标尺、滚动条等。

4.任务窗格

任务窗格是提供视图导航或高级编辑功能的辅助面板，一般位于编辑区的右侧，执行特定命令操作时将自动显示。

5.状态栏

状态栏位于界面下方，用于显示文档状态和提供视图控制。

二、切换视图

WPS文字中默认的是"页面"视图，还可以切换为全屏显示、阅读版式、写作模式、大纲、Web版式，共6种视图方式，如图1-2所示。

图1-2 视图

三、页面显示比例

单击"视图"选项卡中的"显示比例"按钮，打开"显示比例"对话框，可以设置页面显示比例，如图1-3所示。

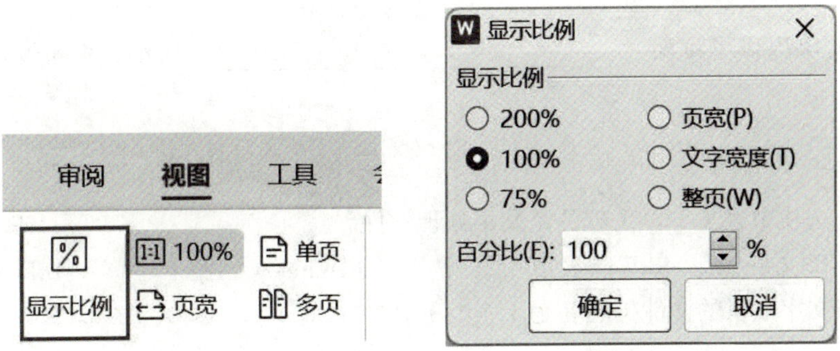

（a）　　　　　　　　　　（b）

图1-3 设置显示比例

四、标签拆分组合

WPS文字可以实现多标签页的自由拆分和组合，还可以将标签保存到自定义工作区，让文字文档管理更高效。

更改标签顺序，拖动文字文档标签，可以更改标签排列顺序，把标签设置成独立窗口或还原组合，如图1-4所示。

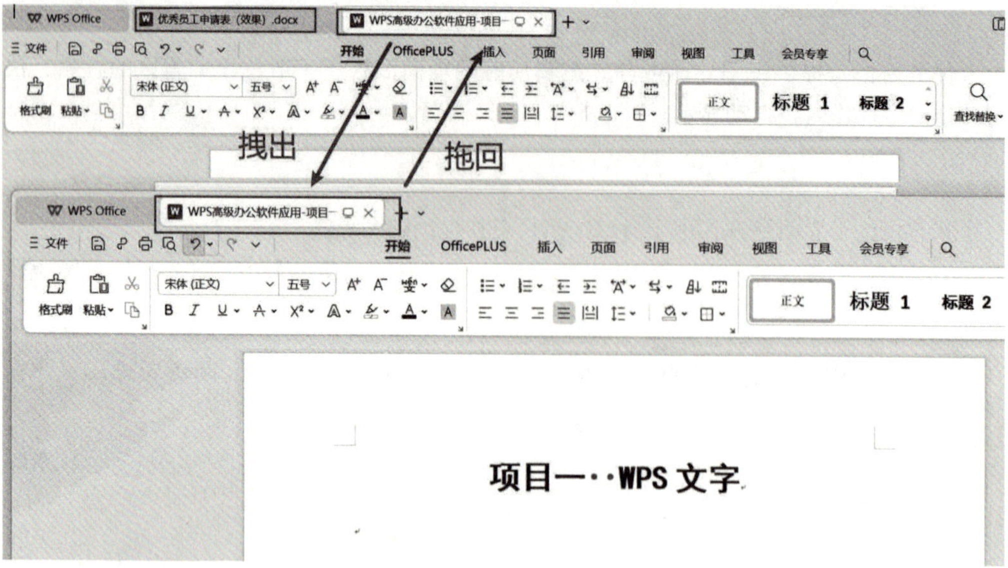

图1-4　拖动管理文字文档标签

自我测试

一、填空题

WPS文字提供了页面、_____、_____、_____、大纲、Web版式6种视图方式。

二、选择题

1.下列选项中，（　　　）软件是文字处理软件。

　A.WPS文字　　　　　B.WPS表格　　　　　　　　C.Windows　　　　　　　　D.Flash

2.WPS文字默认的文件扩展名是（　　　）。

　A..txt　　　　　　　B..bmp　　　　　　　　　　C..docx　　　　　　　　　D..wps

任务二

制作公司培训通知

任务概述

培训通知是各单位常用的一种文档，主要用于通知公司员工参加培训，培训通知的主要内容包括培训内容、培训时间、参培人员、需携带资料、注意事项、培训安排和其他注意事项等。

本任务将利用WPS文字的文档创建、文档页面设置、文本信息录入及格式设置、文档打印等功能，完成如图1-5所示的"渝涪公司培训通知"。

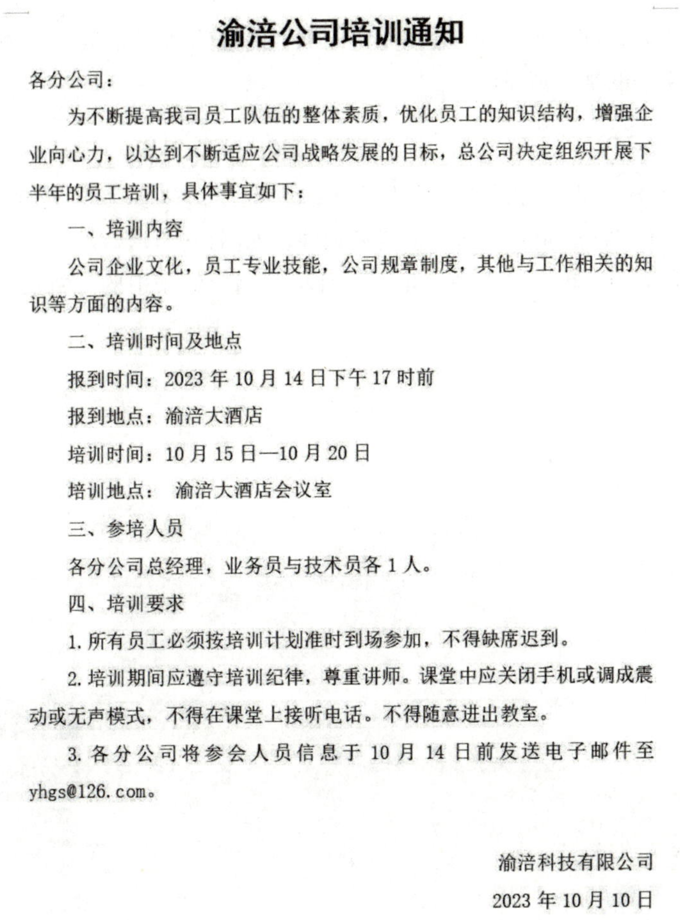

渝涪公司培训通知

各分公司：

为不断提高我司员工队伍的整体素质，优化员工的知识结构，增强企业向心力，以达到不断适应公司战略发展的目标，总公司决定组织开展下半年的员工培训，具体事宜如下：

一、培训内容

公司企业文化，员工专业技能，公司规章制度，其他与工作相关的知识等方面的内容。

二、培训时间及地点

报到时间：2023年10月14日下午17时前

报到地点：渝涪大酒店

培训时间：10月15日—10月20日

培训地点： 渝涪大酒店会议室

三、参培人员

各分公司总经理，业务员与技术员各1人。

四、培训要求

1.所有员工必须按培训计划准时到场参加，不得缺席迟到。

2.培训期间应遵守培训纪律，尊重讲师。课堂中应关闭手机或调成震动或无声模式，不得在课堂上接听电话。不得随意进出教室。

3.各分公司将参会人员信息于10月14日前发送电子邮件至yhgs@126.com。

渝涪科技有限公司

2023年10月10日

图1-5 渝涪公司培训通知

制作思路

对以上案例进行讨论和分析，可以得出如下制作思路。

（1）新建文档，保存文档；

（2）设置页面；

（3）设置标题格式；

（4）设置正文文本格式；

（5）设置正文文本的段落格式；

（6）设置落款文本的格式。

☁ 制作步骤

一、创建文档

WPS文字用于制作和编辑办公文档，使用WPS文字制作文档的第一步是新建WPS 文字文档，并设置文档的基本页面格式。

1.新建空白文档

步骤1　启动WPS软件。在计算机中安装好WPS后，单击"开始"菜单，选择"WPS Office"文件夹下的"WPS Office"选项，启动软件，如图1-6所示。

步骤2　新建文档。单击"WPS Office"首页左侧导航条中的"新建"按钮，如图1-7所示。

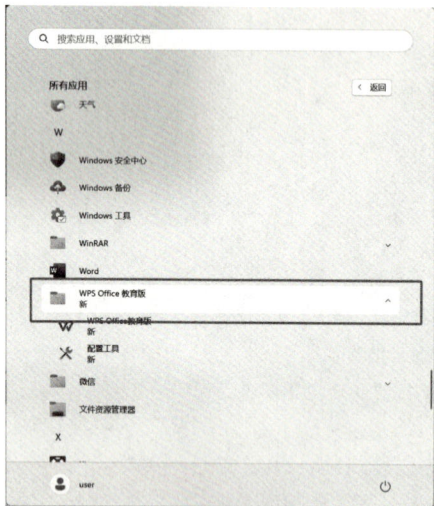

图1-6　启动WPS软件

图1-7　新建文档

步骤3　新建空白文字文档。在"新建"页面对话框中选择"文字"，然后在"推荐模板"中选择"空白文档"选项，如图1-8所示。

步骤4　打开"另存为"对话框。此时WPS创建了一个空白的文字文稿，单击功能区的"保存"按钮，打开"另存为"对话框，如图1-9所示。

步骤5　保存文档。在"另存为"对话框中，首先选择保存文档的位置，然后输入文件名"渝涪公司培训通知"，最后单击"保存"按钮完成文档的保存操作，如图1-10所示。

步骤6　查看保存效果。返回WPS工作区，在标签栏中可以看到，文件名已经更改为"渝涪公司培训通知"，如图1-11所示。

2.设置文档页面

不同的文档对页面参数有不同的要求。在文档创建完成后，应根据需求对页面参数进行设置，通常情况下，页面设置的参数包括页面大小、页面方向、页边距等。

图1-8 新建空白文字文档

图1-9 打开"另存为"对话框

图1-10 保存文档

图1-11 查看保存效果

步骤1 设置文档页面大小。切换到"页面"选项卡，单击"纸张大小"按钮，在下拉菜单中选择"A4"选项。

步骤2 打开"页面设置"对话框。单击"页边距"按钮，在下拉菜单中选择"自定义页边距"，打开"页面设置"对话框，如图1-12所示。

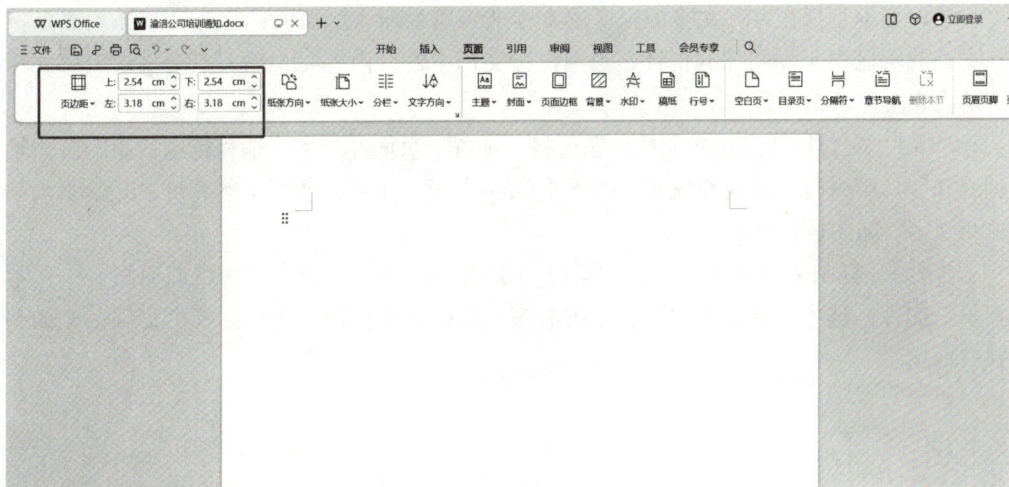

图1-12 打开"页面设置"对话框

小提示

设置文档页面的时机

一般来说，创建文档后就需要设置文档的页面，避免后期因设置页面导致各种对象的位置发生变化。

步骤3 设置页边距。在"页面设置"对话框中，输入页边距数值，上下为2厘米，左右为3厘米，单击"确定"按钮完成设置，如图1-13所示。

步骤4 查看页面设置效果。此时，页边距为上下：2厘米，左右：3厘米，如图1-14所示。

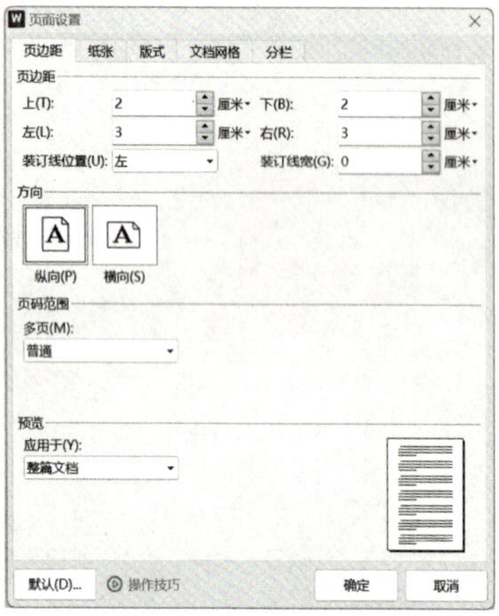

图1-13 设置页边距

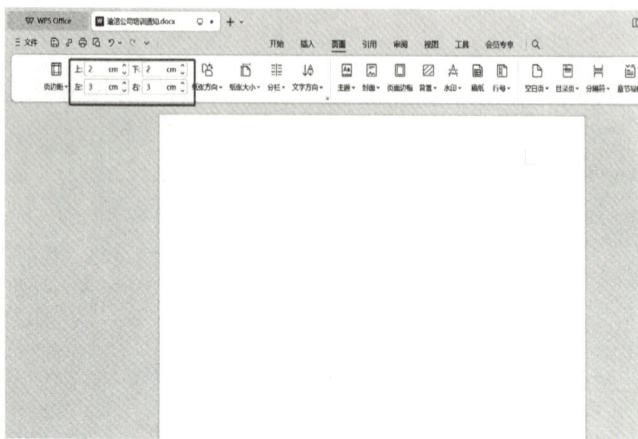

图1-14 查看页面设置效果

二、编辑文档

1.录入内容

录入文本是指在WPS文字编辑区的文本插入点处输入所需的内容。文本插入点是指在文档编辑区中不停闪烁的指针，当用户在文档中输入内容时，插入点会自动后移，输入的内容会显示在屏幕上。

步骤1 定位插入点输入文档标题。将光标置于页面左上方，输入标题"渝涪公司培训通知"。第一行字输入完成后，按下【Enter】键，让光标换行，然后可以开始输入第二行文字，如图1-15所示。

步骤2 复制素材文本。打开"素材与实例 \ 项目一 \ 渝涪公司培训通知——文本素材"文件，选中全部文本内容，单击右键，在弹出的快捷菜单中选择"复制"，如图1-16所示。

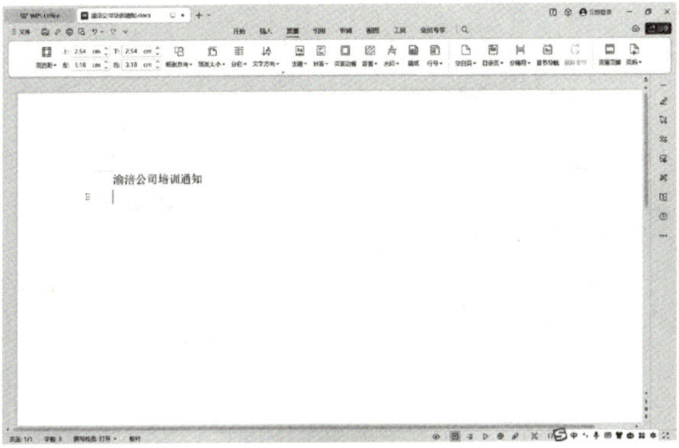

图1-15 定位插入点输入文档标题

图1-16 复制文本

步骤3 粘贴文本。打开"渝涪公司培训通知"文件，将光标定位到标题的下一行，单击右键，在弹出的快捷菜单中选择"粘贴"，如图1-17所示。

💡 **小提示**

操作快捷键

文本复制：Ctrl+C　　　　文本剪切：Ctrl+X　　　　文本粘贴：Ctrl+V

步骤4 打开"查找与替换"对话框。在"开始"选项卡中，单击"查找替换"按钮，在下拉菜单中选择"替换"选项，如图1-18所示，打开"查找与替换"对话框。

图1-17 粘贴文本

图1-18 打开"查找与替换"对话框

步骤5 替换文本内容。在"查找内容"输入框中填入"9月"，在"替换为"输入框中填入"10月"，单击"全部替换"按钮，如图1-19所示。

步骤6 完成替换。在弹出的"WPS文字"对话框中可以看到全文共被替换了5处，单击"确定"按钮完成替换，如图1-20所示。

图1-19　替换文本内容

图1-20　完成替换

2.编辑文本格式

步骤1　选中第一行"渝涪公司培训通知"，字体设置为"黑体"，将字形设置为"加粗"，将字号设置为"二号"，如图1-21所示。

设置对齐方式为"居中对齐"，如图1-22所示。

图1-21　设置字体

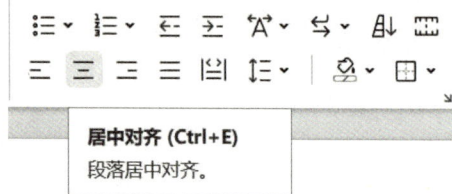

图1-22　设置居中对齐

步骤2　选中第2行文本，将字体设置为"宋体"，字号设置为四号。

步骤3　选中第3行到第20行文本，将字体设置为"宋体"，字号设置为四号，单击对话框启动按钮，打开"段落"对话框，如图1-23所示；设置段落格式首行缩进2字符，行间距为固定值26磅，如图1-24所示。

图1-23　打开段落选项卡

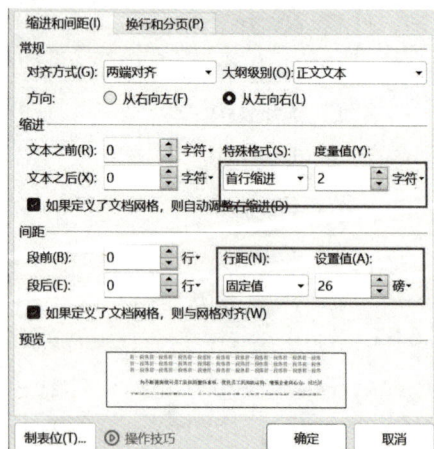

图1-24　设置首行缩进和行间距

步骤4　在第20行后空1行，选中最后两行，将字体设置为"宋体"，字号设置为四号，对齐方式设置为右对齐。

步骤5　保存文档。

三、打印文档

当用户制作好文档后，一般情况会打印出来，以纸张的形式呈现在大家面前。为了避免打印文档时出错，先预览文档打印效果，然后对文档做相应的调整，再打印更稳妥。

在打印文档前通常需要对打印的份数等属性进行设置，否则可能会出现文档内容打印不全或浪费纸张的情况。打印设置通常包括打印的份数、打印的方向和指定的打印机等。

步骤1 打开"打印"对话框。单击"文件"下拉按钮，选择"打印"选项，在级联菜单中单击"打印"选项，如图1-25所示，打开"打印"对话框。

步骤2 选择打印机。在"打印机"栏的"名称"下拉列表中选择合适的打印机型号，如图1-26所示。

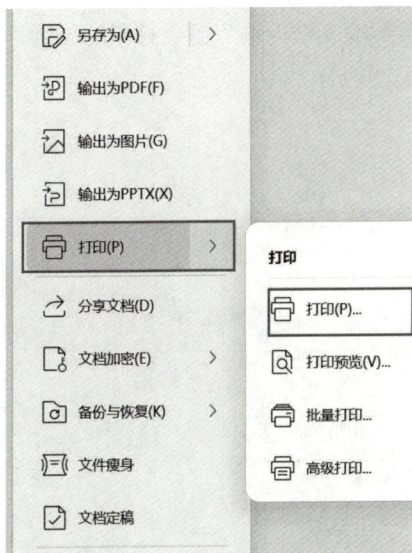

图1-25 打开"打印"对话框　　　　图1-26 选择打印机

步骤3 设置打印属性。单击"打印机"栏的"属性"按钮，打开打印机的"属性"对话框，切换到"打印快捷方式"选项卡，在"双面打印"的下拉选项中选择"是，翻转"选项，单击"确定"完成设置，如图1-27所示。

步骤4 设置页码范围。在"页码范围"栏单击"页码范围"，在输入框内输入需要打印的页码范围，如"1-2"，如图1-28所示。

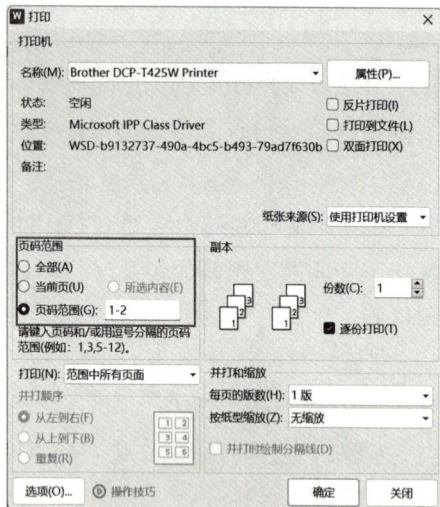

图1-27 设置打印属性

图1-28 设置页码范围

步骤5 设置打印份数。在"副本"栏的"份数"输入框内输入需要打印的份数，如"20"，单击"确定"完成设置并开始打印，如图1-29所示。

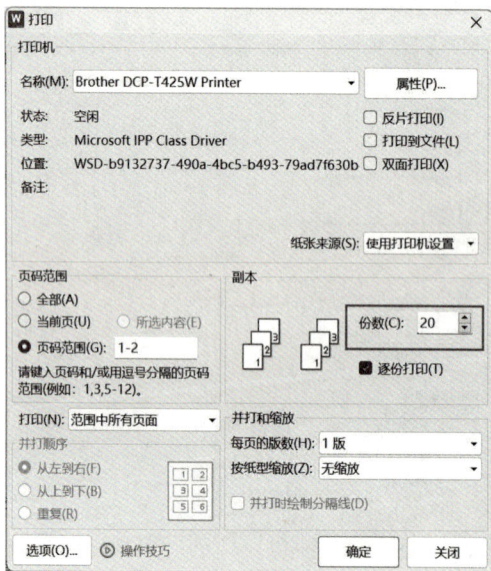

图1-29 设置打印份数

自我测试

一、填空题

1.设置文本格式可以通过选项卡工具按钮和_____对话框完成文本格式设置。

2.在WPS文字中的段落对齐方式有左对齐、居中、右对齐、_____和分散对齐5种。

3.如果文字文档中有多处相同的错误，可以使用_____功能查找并替换为其他文本。

4.使用_____组合键，可以快速选中整篇文字文档。

二、选择题

1.启动WPS 文字时，默认的空白文档名称是（　　　）。

 A.新文档.wps   B.文字文稿1.wps

 C.我的文档.wps   D.文档1.wps

2.进行复制操作前，应先（　　　）。

 A.定位插入点   B.选中要复制的对象

 C.按"Ctrl+C"组合键   D.按"Ctrl+V"组合键

3.在WPS文字文稿编辑状态下,当前输入的文字显示在（　　　）。

 A.鼠标光标处   B.插入点   C.文件尾部   D.当前行尾部

4.在WPS 文字文稿中，每个段落（　　　）。

 A.以按Enter键结束   B.以句号结束

 C.以空格结束   D.由WPS自动结束

5.在WPS文档中，每个段落都以（　　　）为结束符。

 A.空格符   B.回车符   C.制表符   D.分隔符

三、实作题

1.请使用WPS文字拟订一份新学期学习计划。

2.打开配套素材"素材与实例/项目一/电子商务"文档，按以下要求设置文档格式。

（1）将文档标题的字体设置为华文彩云，字号为小初，并为其添加艺术字"填充–白色，轮廓–着色2，清晰阴影–着色2"的文本效果。

（2）将正文第1段的字体设置为仿宋 GB2312，字号为四号，字形为倾斜。

（3）将正文第 2～6 段的字体设置为华文细黑，字号为小四，并为文本"普遍性""方便性""整体性""安全性""协调性"添加双下画线。

（4）标题行居中对齐。

（5）将正文第1段的首行缩进2个字符，段落间距为段前段后各0.5行，行距为固定值 20 磅。

（6）将正文第 2～6 段悬挂缩进4个字符，并设置行距为固定值20磅。

任务三

制作产品介绍文档

任务概述

产品介绍文档是各企业为更好地让客户了解产品而制作的一种宣传材料。本任务将利用WPS文字的文字、段落和图片设置等功能完成如图1-30所示的"产品介绍"文档的制作。

产品介绍

一、笔记本电脑

这款电脑采用了精致的外观设计，机身采用金属材质，质感出色，同时还具备高强度和耐用性。机身边框采用了窄边设计，使得屏幕占比更高，视野更开阔。同时，机身轻薄，方便携带。电脑搭载了先进的处理器，拥有较高的主频和多核心架构，能够快速运行各类软件。同时，配备了大容量的内存和高速的存储器，可以轻松满足用户对于多任务处理和大容量数据存储的需求。无论是办公、学习还是娱乐，都能够得心应手。

这款电脑配备了高分辨率的显示屏，拥有丰富的色彩表现能力和高对比度，能够呈现出更加细腻清晰的图像。同时，采用了广视角技术，使得屏幕在不同角度下的观看效果一致，无论是观看电影、编辑图片还是制作PPT，都能够获得更好的视觉体验。该电脑内置了人性化的操作系统，界面简洁直观，方便用户快速上手。

二、手机

这款手机采用倒扣式设计，非常时尚，富有个性。这种设计运用完美的弧线，不仅保护了非常好的手感，同时使手机看起来更薄、更精致。橙色按键的点缀，让这款手机看起来非常富有活力。背面的材质使用的是目前最流行的手感最好的亲肤材质，这种材质不仅显得高端，而且防污，防变色，相信用户也会比较喜欢。目前这款手机是市面上性价比最高的一款手机，内存为8GB，运行非常流畅，能运行大型游戏，不会出现卡机、死机现象。

三、耳机

采用了简洁大气的设计，打破了传统的耳机外观设计。控制系统的设计则做得非常人性化：耳机左边可以控制启动语音助手和控制音量，而右边则可以控制通话和音乐。机身只有4.4 cm×5.5 cm×2.4 cm的体积，所以握持的手感也不算大。内置了优秀的防汗处理，不仅提供了可靠的防水性能，并且可以在比较恶劣的环境中使用。整体音质非常清晰，能够有比较广泛的分离感，同时具有非常不错的细节表现能力，耳机采用10毫米喇叭单元，也支持蓝牙5.0技术，并且具有能够防止外界噪音干扰的固件算法，有非常不错的降噪能力。

图1-30　产品介绍

制作思路

（1）设置标题格式；
（2）设置小标题格式；
（3）设置段落格式；
（4）插入图片；
（5）设置图片应用样式；
（6）设置图片环绕方式。

制作步骤

一、设置文档基本格式

步骤1　打开素材"素材与实例/项目一/产品介绍——文本素材"文档。
步骤2　设置标题文本的字体格式为华文新魏、一号、加粗、居中对齐。
步骤3　设置小标题"一、笔记本电脑"的格式为四号、加粗，首行缩进2个字符。
步骤4　设置小标题"二、手机""三、耳机"的格式与"一、笔记本电脑"的格式一样。选中"一、笔记本电脑"文本，双击"开始"选项卡中的"格式刷"按钮，光标变为格式刷样式后，分别选中"二、手机""三、耳机"文字，如图1-31所示。完成后按Esc键取消格式刷。

图1-31　格式刷

步骤5　设置其他段落文本的格式为五号、宋体，首行缩进2个字符。

二、插入图片

步骤1　将插入符置于正文第1段末尾，然后单击"插入"选项卡中的"图片"按钮在下拉菜单中选择"本地图片"，打开"插入图片"对话框，如图1-32所示，同时选择"素材与实例/项目一"中"电脑""手机""耳机"3张图片，然后单击"插入"按钮，将所选图片插入文档中，如图1-33所示。
步骤2　单击选中"电脑"图片，然后按住"Shift"键向左上方拖动其右下角的控制点，将图片等比例缩小，如图1-34所示。
步骤3　保持"电脑"图片的选中状态，单击"图片工具—格式"选项卡的"排列"组中的"环绕"按钮，在展开的列表中选择"四周型环绕"选项，如图1-35所示。
步骤4　单击并拖动图片，将其移至对应文本的右侧，如图1-36所示。
步骤5　将"手机"和"耳机"图片等比例缩小，环绕方式设置为"四周型环绕"，并分别放在对应文本的右侧，效果如图1-37所示。
步骤6　保存文档。

图1-32　本地图片

图1-33　插入图片

这款电脑配备了高分辨率的显示屏，拥有丰富的色彩表现能力和高对比度，能够呈现出更加细腻、清晰的图像。同时，采用了广视角技术，使得屏幕在不同角度下的观看效果一致。

图1-34　调整图片大小

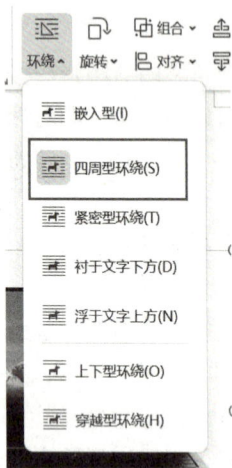

图1-35　设置环绕方式

一、笔记本电脑。

这款电脑采用了精致的外观设计，机身采用金属材质，质感出色，同时还具备高强度和耐用性。机身边框采用了窄边设计，使得屏幕占比更高，视野更开阔。同时，机身轻薄，方便携带。电脑搭载了先进的处理器，拥有较高的主频和多核心架构，能够快速运行各类软件。同时，配备了大容量的内存和高速的存储器，可以轻松满足用户对于多任务处理和大容量数据存储的需求。无论是办公、学习还是娱乐，都能够得心应手。

这款电脑配备了高分辨率的显示屏，拥有丰富的色彩表现能力和高对比度，能够呈现出更加细腻清晰的图像。同时，采用了广视角技术，使得屏幕在不同角度下的观看效果一致，无论是观看电影、编辑图片还是制作PPT，都能够获得更好的视觉体验。该电脑内置了人性化的操作系统，界面简洁直观，方便用户快速上手。

图1-36　移动图片

二、手机

这款手机采用倒扣式设计，非常时尚，富有个性。这种设计运用近乎完美的弧线，不仅保护了非常好的手感，同时使手机看起更薄、更精致。橙色按键的点缀，让这款手机看起来非常富有活力。背面的材质使用的是目前最流行的手感最好的亲肤材质，这种材质不仅显得高端，而且防污，防变色，相信用户也会比较喜欢。目前这款手机是市面上性价比最高的一款手机，内存为8 GB，运行非常流畅，能运行大型游戏，不会出现卡机、死机现象。

三、耳机

采用了简洁大气的设计，打破了传统的耳机外观设计。控制系统的设计则做得非常人性化：耳机左边可以控制启动语音助手和控制音量，而右边则可以控制通话和音乐。机身只有4.4 cm×5.5 cm×2.4 cm的体积，所以握持的手感也不算大。内置了优秀的防汗处理，不仅提供了可靠的防水性能，并且可以在比较恶劣的环境中使用。整体音质非常清晰，能够有比较广泛的分离感，同时具有非常不错的细节表现能力，耳机采用10毫米喇叭单元，也支持蓝牙5.0技术，并且具有能够防止外界噪音干扰的固件算法，有非常不错的降噪能力。

图1-37　设置手机、耳机图片大小和位置

自我测试

选择题

1.在WPS文档中，插入图片后，其默认的文字环绕方式为（　　　）。

　A.四周型环绕　　　　　　　　B.紧密型环绕

　C.嵌入型　　　　　　　　　　D.衬于文字下方

2.WPS文档中"格式刷"的作用是（　　　）。

　A.复制文本　　　　　　　　　B.复制图形

　C.复制文本和格式　　　　　　D.复制格式

3.取消"格式刷"按（　　　）。

　A.Esc键　　　　　B.Ctrl键　　　　　C.Tab键　　　　　D.Shift键

4.（　　　）可以使图片等比例缩放。

　A.拖动图形边框线中间的控点　　B.拖动图形四角的控点

　C.拖动图形边框线　　　　　　　D.拖动图形边框线的控点

任务四

制作公司文化文档

任务概述

公司文化是在一定的条件下，公司生产经营和管理活动中所创造的具有该企业特色的文化形象。它包括公司愿景、文化观念、价值观念、公司精神、道德规范、行为准则、历史传统、公司制度、文化环境、公司产品等。让员工知道公司文化，有利于员工了解公司，更好地工作。本任务将利用WPS文字完成如图1-38所示“渝涪科技有限公司企业文化”文档的制作。

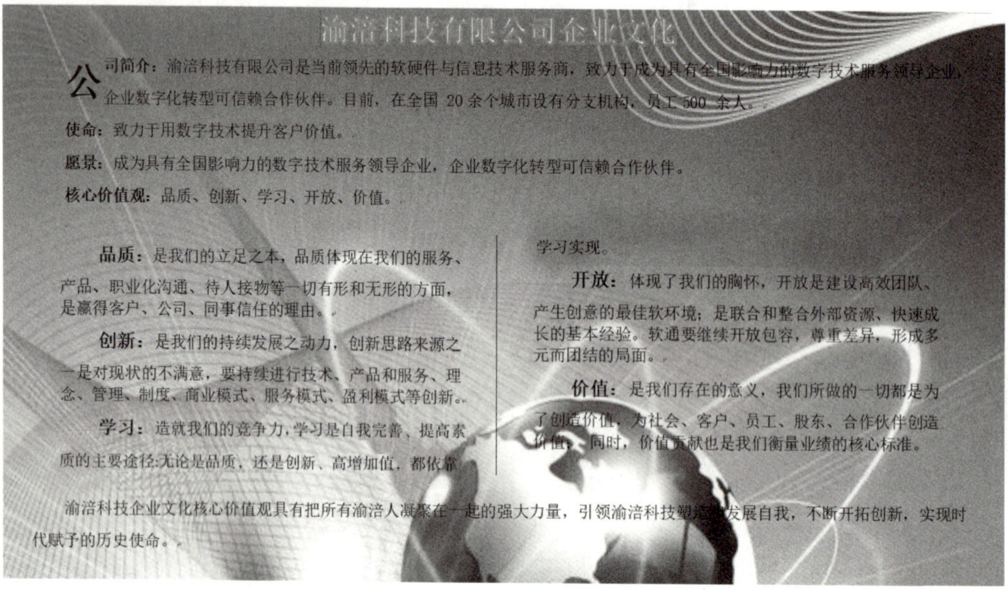
渝涪科技有限公司企业文化

公司简介：渝涪科技有限公司是当前领先的软硬件与信息技术服务商，致力于成为具有全国影响力的数字技术服务领导企业，企业数字化转型可信赖合作伙伴。目前，在全国20余个城市设有分支机构，员工500余人。

使命：致力于用数字技术提升客户价值。

愿景：成为具有全国影响力的数字技术服务领导企业，企业数字化转型可信赖合作伙伴。

核心价值观：品质、创新、学习、开放、价值。

品质：是我们的立足之本，品质体现在我们的服务、产品、职业化沟通、待人接物等一切有形和无形的方面，是赢得客户、公司、同事信任的理由。

创新：是我们的持续发展之动力，创新思路来源之一是对现状的不满意，要持续进行技术、产品和服务、理念、管理、制度、商业模式、服务模式、盈利模式等创新。

学习：造就我们的竞争力，学习是自我完善、提高素质的主要途径:无论是品质，还是创新、高增加值，都依靠学习实现。

开放：体现了我们的胸怀，开放是建设高效团队、产生创意的最佳软环境；是联合和整合外部资源、快速成长的基本经验。软通要继续开放包容，尊重差异，形成多元而团结的局面。

价值：是我们存在的意义，我们所做的一切都是为了创造价值，为社会、客户、员工、股东、合作伙伴创造价值。同时，价值贡献也是我们衡量业绩的核心标准。

渝涪科技企业文化核心价值观具有把所有渝涪人凝聚在一起的强大力量，引领渝涪科技塑造和发展自我，不断开拓创新，实现时代赋予的历史使命。

图1-38　渝涪科技有限公司企业文化

制作思路

（1）设置纸张方向；

（2）设置字体格式；

（3）设置段落格式；

（4）设置分栏；

（5）设置首字下沉；

（6）设置页面背景。

制作步骤

步骤1　打开素材"素材与实例/项目一/企业文化（文本素材）"文档。

步骤2　设置纸张方向。单击"页面"选项卡中的"纸张方向"按钮，选择"横向"，如图1-39所示。

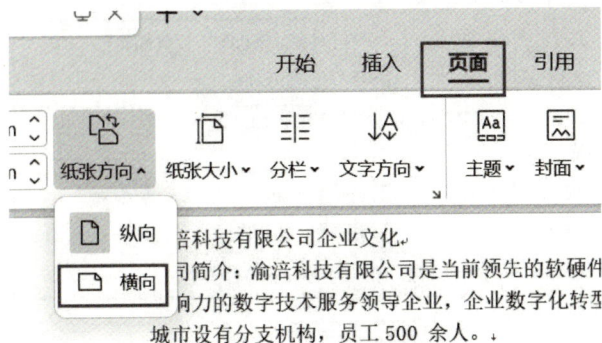

图1-39　设置纸张方向

步骤3　设置字体。将第一段文字设置为宋体、二号、居中对齐，文字效果为艺术字"填充—白色，轮廓—着色2，清晰阴影—着色2"，如图1-40所示。

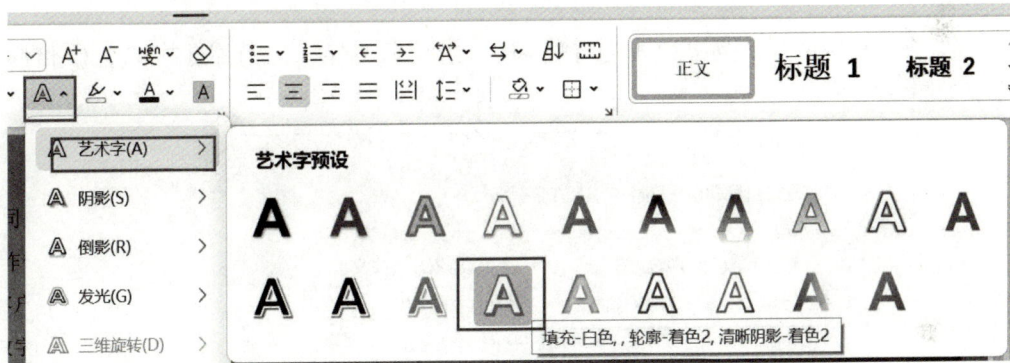

图1-40　设置文字效果

步骤4　其余各段文字设置为宋体、小四；将第1-4段的"公司简介："""使命：""愿景：""核心价值观："文字加粗；将第5-9段的"品质：""创新：""学习：""开放：""价值:"文字设置为四号、加粗。

步骤5　设置第1-4段、第10段首行缩进2字符，1.5倍行距，如图1-41所示。

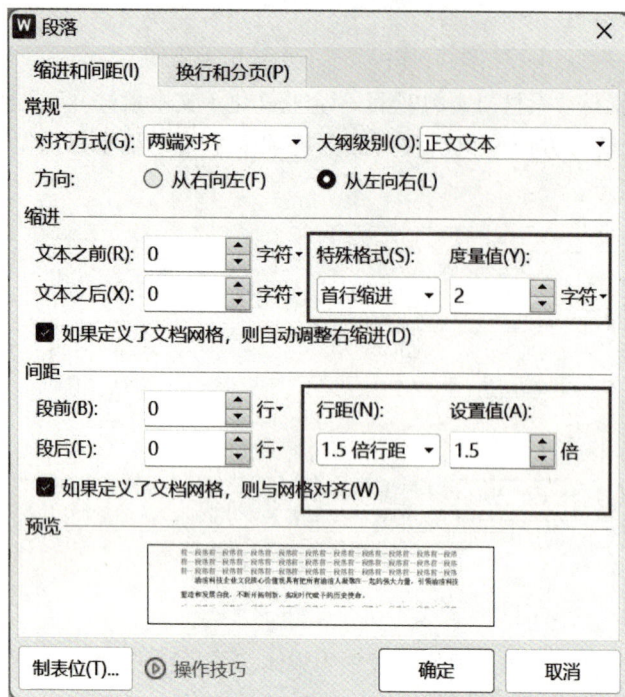

图1-41　首行缩进2字符、行间距设置1.5倍行距

步骤6　设置第5-9段缩进文本之前2字符、文本之后2字符，首行缩进2字符，1.5倍行距，如图1-42所示。

图1-42　设置缩进方式、行距

步骤7　在第4、9段段尾输入换行符，分别添加两个空行。

步骤8　设置分栏。选中第6—10段，单击"页面"选项卡中的"分栏"按钮，选择"更多分栏"如图1-43所示，打开"分栏"对话框，单击"两栏"，勾选"分割线"，如图1-44所示。

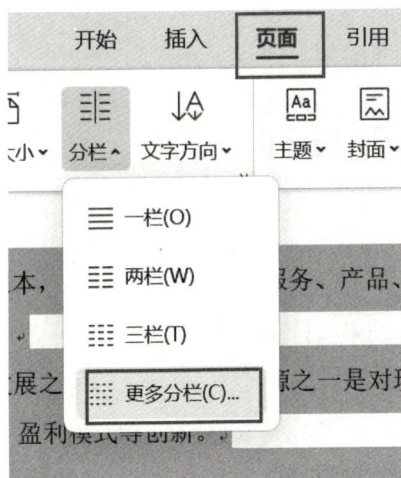

图1-43　设置分栏

图1-44　分栏

步骤9　设置首字下沉。将输入点置于第一段首，单击"插入"选项卡中的"首字下沉"按钮，如图1-45所示，打开"首字下沉"对话框，单击"下沉"按钮，下沉行数为2、距正文0.5厘米，如图1-46所示。

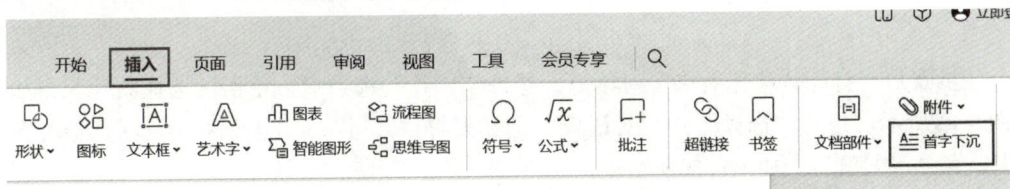

图1-45　首字下沉

图1-46　设置首字下沉

步骤10　设置页面背景。单击"页面"选项卡中的"背景"按钮，在下拉菜单中选择"图片背景"菜单中"本地图片"，如图1-47和图1-48所示。

图1-47　设置页面背景

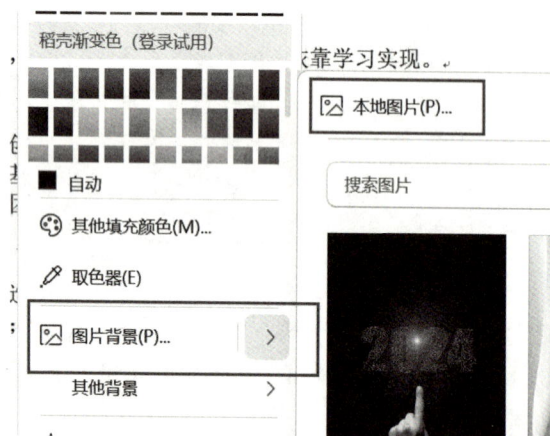

图1-48　选择"本地图片"

步骤11　打开"填充效果"对话框，选择"图片"选项卡，单击"选择图片"，如图1-49所示。打开"选择图片"对话框，选择素材"素材与实例/项目一/页面背景"图片，单击"打开"，如图1-50所示。

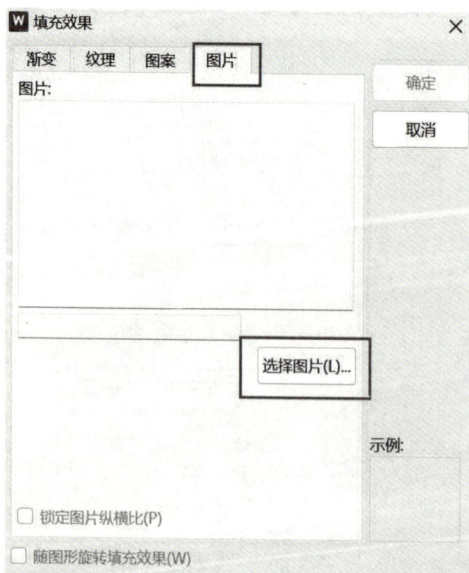

图1-49　填充效果

图1-50　选择图片

步骤12　保存文档。

自我测试

一、选择题

1.要调整文档的行距，正确的方法是（　　　）。

　A.增大文本的字号　　　　　　　　　　B.减小文本的字号

　C.在两行之间插入空行　　　　　　　　D.在"段落"对话框中调整

2.下列关于WPS分栏的说法中，正确的是（　　　）。

　A.最多可以设置为4栏　　　　　　　　B.各栏宽度必须相同

　C.各栏之间的间距是固定的　　　　　　D.各栏宽度可以不同

二、实作题

打开素材"素材与实例/项目一/神奇的纳米材料"文档，按以下要求设置文档格式，最终效果参考"神奇的纳米材料（效果）"文档。

（1）自定义纸张大小为宽 20 厘米、高 29 厘米，设置页边距为上、下各2.8厘米，左、右各3.4厘米。

（2）按效果所示，在文档的页眉处添加页眉文字和页码，并设置相应的格式。

（3）艺术字设置。将标题"神奇的纳米材料"设置为艺术字样式"渐变填充–矢车菊蓝，倒影"；字体为华文新魏、加粗，字号为48磅，文字环绕方式为"嵌入型"。

（4）文档的版面格式设置：将正文第2～5段设置为偏左的两栏格式，显示分隔线。

（5）边框和底纹：为正文的第1段添加0.75磅、深红色、双波浪线的边框，并为其填充玫瑰红色（RGB:255，150，150）的底纹。

（6）插入图片：在样文所示位置插入图片，设置图片的缩放比例为25%，环绕方式为"紧密型环绕"。

任务五

制作手机优惠购宣传单

任务概述

　　宣传单是人们日常生活中常见的一种广告宣传方式，是商家自制的一种印刷品，常用于各种店铺开业时的商品优惠宣传、企业品牌形象宣传，或是用于其他公益宣传。渝涪科技有限公司在庆祝周年庆期间，准备开展手机抢先购活动。本任务是设计如图1-51所示的"手机抢先购宣传单"。

图1-51　手机抢先购宣传单

制作思路

（1）插入艺术字；
（2）插入文本框并输入文字；
（3）插入图形；
（4）插入图片并编辑。

制作步骤

一、插入艺术字

步骤1　新建文档，并以"手机抢先购宣传单"为名保存在桌面文件夹中。

步骤2　在"插入"选项卡的"艺术字"列表中选择艺术字样式：填充–白色，轮廓–着色2，清晰阴影–着色2，如图1-52所示。输入艺术字文本"周年庆"，并设置其字体为方华文隶书，字号为90，加粗，效果如图1-53所示。

图1-52　艺术字预设图　　　　　　　　　图1-53　"周年庆"艺术字效果

步骤3　在"插入"选项卡的"艺术字"列表中选择艺术字样式：填充–金色，着色2，轮廓–着色2，输入艺术字文本"手机抢先购"，并设置其字体为方正魏碑，字号为72，加粗；选择艺术字，在"文本工具"选项卡中选择"填充"，选择标准色"橙色"，如图1-54所示；选择"轮廓"，选择标准色"红色"，如图1-55所示。

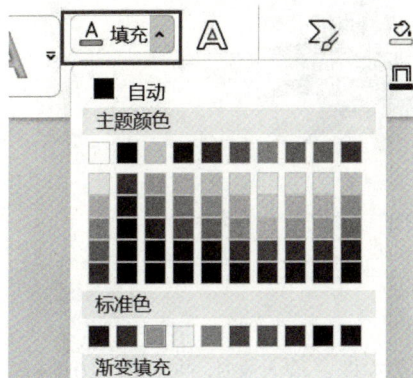

图1-54　艺术字填充　　　　　　　　　图1-55　艺术字轮廓

二、插入图形

步骤1　在"插入"选项卡的"形状"列表中选择"星与旗帜"中的"爆炸形1"形

状，然后在艺术字的左上方绘制一个爆炸形，如图1-56所示。

图1-56　插入图形

步骤2　选中图形，利用右键菜单中的"编辑文字"项添加文本"大折扣"，如图1-57所示。

图1-57　添加文字

步骤3　选中图形，在"绘图工具"选项卡中选择"填充"，选择主题颜色"巧克力黄，着色2"；选择"轮廓"，选择标准色"蓝色"，如图1-58所示。

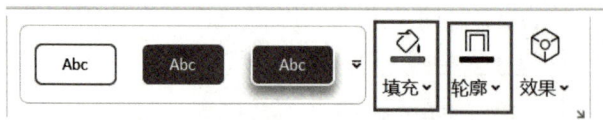

图1-58　设置图形填充、轮廓颜色

步骤4　设置图形内文本的格式为字体华文琥珀，字号为26，文字颜色为红色，效果如图1-59所示。

图1-59　图形效果

三、使用文本框

步骤1　在"手机抢先购"下方绘制横向文本框，输入文本"时间：10月1日–10月10日"；设置文本格式，字体为方正魏碑，字号为20，字体颜色为红色，如图1-60所示。

步骤2　在"时间：10月1日—10月10日"下方绘制三个横向文本框，分别输入文本"购实惠""购品牌""购服务"。设置文本框填充为渐变填充"金色—暗橄榄绿渐变"，如图1-61所示；文字字体为宋体，字号为20，加粗，颜色为红色，如图1-61

所示。

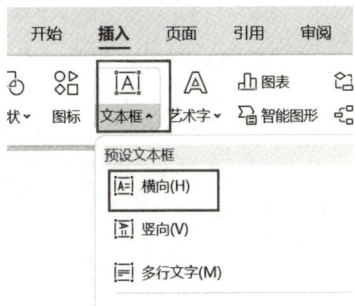

图1-60　绘制横向文本框

图1-61　文本框效果

　　步骤3　在页面下方绘制横向文本框，输入文本"地址：重庆市涪陵区兴华中路25号"。设置文本框填充为无填充色，轮廓为无边框色；文字字体为华文琥珀，字号为18，填充为渐变填充"金色—暗橄榄绿渐变"，角度为0.0°，如图1-62所示。

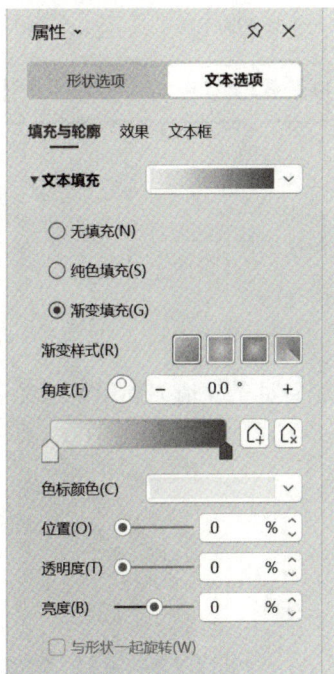

图1-62　设置文本填充

四、插入图片

　　步骤1　插入素材"素材与实例/项目一/宣传单手机"图片。

　　步骤2　设置"宣传单手机"图片格式。图片高度、宽度分别缩放70%；在"图片工具"选项卡中选择"透明色"，如图1-63所示。

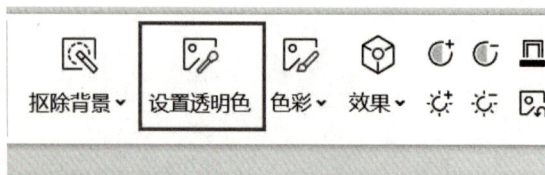

图1-63　设置透明色

步骤3　设置图片环绕方式为衬于文字上方。

五、制作背景

步骤1　插入素材"素材与实例/项目一/手机抢先购宣传单背景"图片。

步骤2　设置图片环绕方式为衬于文字下方。

步骤3　调整图片大小，让图片铺满整个页面。

步骤4　选中图片，单击右键，在快捷菜单中选择"置于底层"选项，如图1-64所示。

步骤5　保存文档。

图1-64　将图片置于底层

自我测试

实作题

因公司业务拓展，需要招聘新员工，请你利用WPS文字里艺术字、图片、图形等元素为公司设计一张招聘海报。

任务六

制作优秀员工申请表

任务概述

公司为表扬做出突出贡献的员工，进一步激发员工的归属感和责任感，准备开展优秀员工评选活动。本任务是制作如图1-65所示的"优秀员工申请表"。

优秀员工申请表

填表日期····年···月···日。

姓名。	。	性别。	。	工号。	。	照片。
联系方式。	。	学历。	。	入职时间。	。	
所属部门。	。	职务。	。	联系方式。	。	
参选称号。		□年度优秀员工····□年度优秀管理者。				
先进事迹。						
部门意见。		签字（盖章）。 年···月···日。				
总公司意见。		签字（盖章）。 年···月···日。				

图1-65　优秀员工申请表

📡 制作思路

（1）创建表格；
（2）输入表格文本；
（3）合并单元格；
（4）调整行高；
（5）调整列宽；
（6）设置文本对齐方式；
（7）设置边框线。

制作步骤

一、创建表格并输入内容

步骤1　新建一个空白文档，并以"优秀员工申请表"为名保存在电脑中。

步骤2　添加表格标题。在文档第1行输入表格标题文本"优秀员工申请表"，设置字体为方正黑体，字号为小二，对齐方式为居中对齐。按Enter键换行，在第2行输入"填表日期　年　月　日"，设置字体为方正黑体，字号为四号，对齐方式为右对齐。

步骤3　插入符移动到第三行，单击"插入"选项卡中的"表格"下拉按钮，在弹出的下拉菜单中拖动鼠标，选择7行7列的表格，选择完成后单击，如图1-66所示。

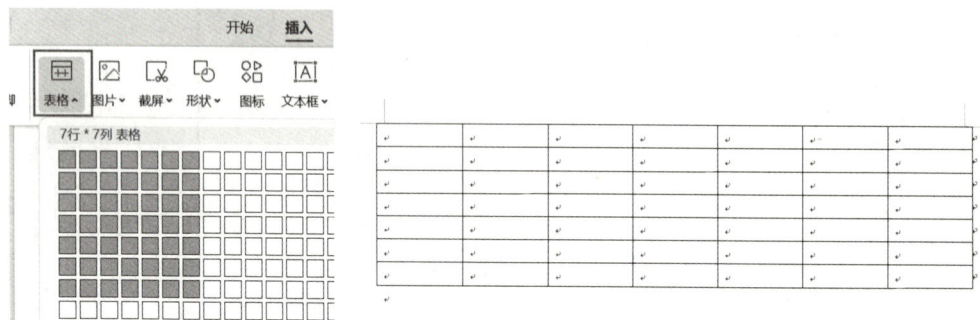

图1-66　创建表格

步骤4　依次在单元格中输入如图1-67所示的内容。

图1-67　输入表格内容

二、调整表格框架

步骤1 对表格的相关单元格进行合并操作。选中如图1-68（a）所示的单元格，然后单击"表格工具"选项卡中的"合并单元格"按钮，如图1-68（b）所示，结果如图1-68（c）所示。

（a）　　　　　　　　　　　（b）　　　　　　　　　　　（c）

图1-68　合并单元格

步骤2 参照图1-69合并其他单元格。

图1-69　合并其他单元格

步骤3 调整行高。选中第1—4行，设置行高为1.3厘米，如图1-70所示。第5行设置为8厘米，第6行、第7行设置为4厘米，表格效果如图1-71所示。

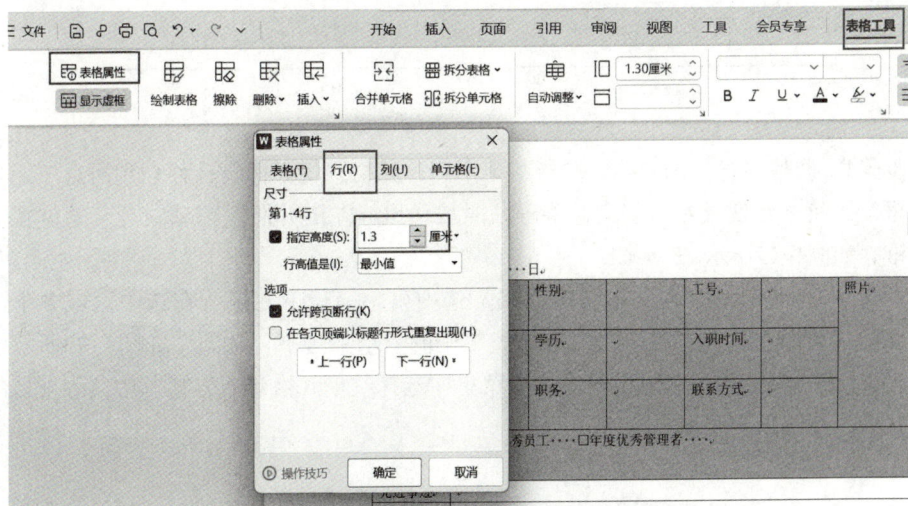

图1-70　调整行高

姓名		性别		工号		照片	
联系方式		学历		入职时间			
所属部门		职务		联系方式			
参选称号	口年度优秀员工····口年度优秀管理者····						
先进事迹							
部门意见	签字（盖章） 年··月··日						
总公司意 见	签字（盖章） 年··月···日						

图1-71 调整行高后的表格效果

步骤4 调整列宽。选中第5—7行的第一列单元格，将鼠标指针移动到所选单元格右侧边框线，待指针变成左右双向箭头形状时按住鼠标左键并向左拖动，至合适位置后松开左键，如图1-72所示。

步骤5 调整单元格内文本对齐方式。选中第1—4行单元格，在选中区域中单击右键，在快捷菜单中选择"单元格对齐方式"中的"水平居中"选项，如图1-73所示。选中第6行、第7行的第2列单元格，在快捷菜单中选择"单元格对齐方式"中"靠下居中对齐"选项，如图1-74所示。

图1-72　调整列宽

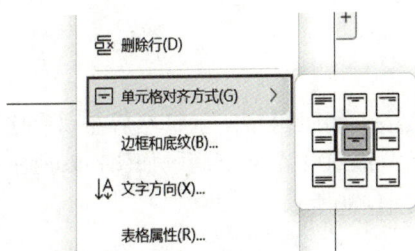

图1-73　设置水平居中

图1-74　设置靠下居中对齐

步骤6　设置表格文本文字方向。选中第5—7行的第1列单元格文本，单击"表格工具"选项卡中的"文字方向"按钮，在下拉菜单中选择"垂直方向从右往左"，如图1-75所示，设置对齐方式为"水平居中对齐"。

步骤7　检查制作好的表格，如果列宽有点窄，不太协调，可以适当调整表格宽度，效果如图1-76所示。

优秀员工申请表

填表日期┼···年···月···日

姓名		性别		工号		照片
联系方式		学历		入职时间		
所属部门		职务		联系方式		
参选称号		□年度优秀员工···□年度优秀管理者				
先进事迹						
部门意见		签字（盖章） 年···月···日				
公司意见		签字（盖章） 年···月···日				

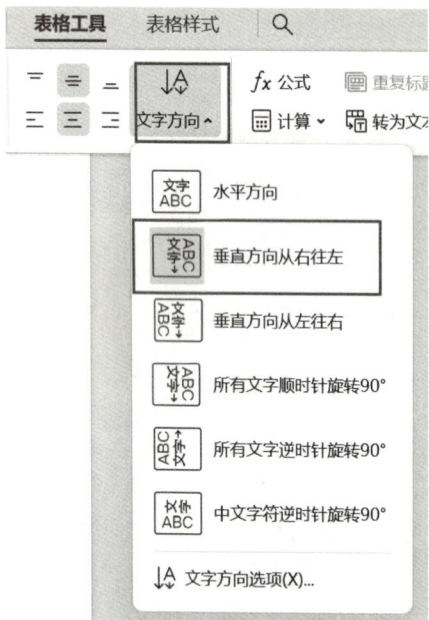

图1-75　设置文字方向

图1-76　调整后的表格效果

三、调整表格表框线

步骤1　单击表格左上角的⊕按钮选中整个表格，如图1-77所示；然后在"表格样式"选项卡中设置线型为实线，如图1-78所示；线型粗细设置为1.5磅，如图1-79所示；在"边框"按钮下拉菜单中选择"外侧边框"，如图1-80所示。

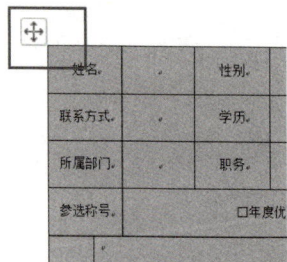

图1-77　选中整个表格

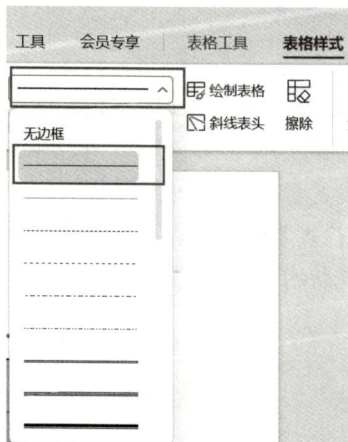

图1-78　选择边框线线型

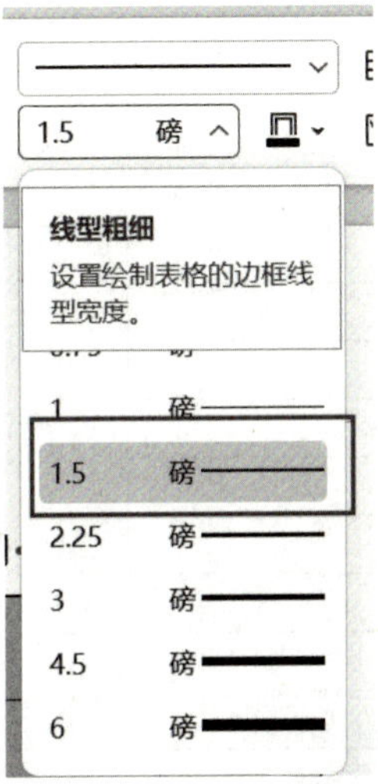

图1-79　边框线线型粗细　　　　　　图1-80　设置边框线

步骤2　选中第4行，在"表格样式"选项卡中设置线型为双实线，线型粗细设置为0.5磅，在"边框"按钮下拉菜单中选择"下边框"，效果如图1-81所示。

步骤3　保存文档。

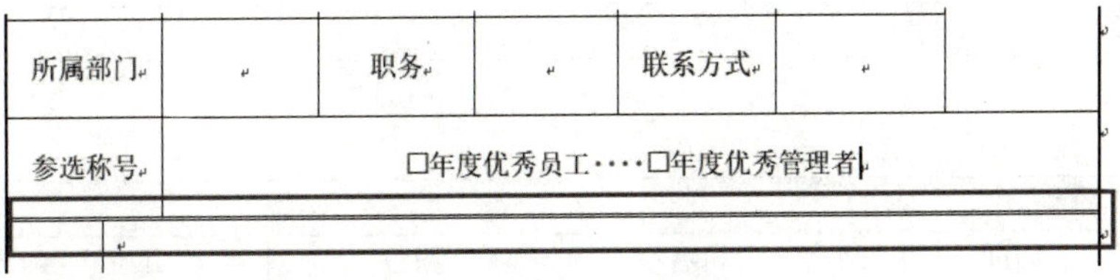

所属部门		职务		联系方式		
参选称号		□年度优秀员工····□年度优秀管理者				

图1-81　设置表格分隔线

自我测试

实作题

制作图1-82所示的个人简历文档，最终效果参考素材"素材与实例/项目一/个人简历（效果）"文档。

个人简历

基本情况					
姓　名		性　别			照片
民　族		出生年月			
政治面貌		婚姻情况			
籍　贯		学　历			
电子信箱		联系电话			
专　业					
毕业院校					
求职意向					

教育情况			
时间	院校名称	专业	学历

主修课程

技能特长

工作经验			
时间	公司名称	职位	工作内容

英文、计算机水平

获奖情况

自我评价

图1-82　个人简历

项目二
WPS表格

项目导读

　　WPS表格是WPS Office中的另一个主要组件，具有强大的数据处理能力，主要用于制作处理表格数据。本项目主要讲解电子表格的基本操作、电子表格的格式设置、电子表格的函数运用、电子表格图表制作、电子表格的审阅与安全以及电子表格的打印等操作。

知识目标

　　了解WPS表格的基本操作；
　　熟悉WPS表格的格式设置操作；
　　了解常用函数的作用。

能力目标

　　能够完成工作簿、工作表、单元格的基本操作和表格数据录入；
　　能够对表格进行条件、样式、标签颜色等设置；
　　能够根据需要为表格设置函数处理数据。

素质目标

　　增强遵守规则的意识，养成按规矩行事的习惯；
　　认识自我，自觉树立和践行社会主义核心价值观。

任务一

WPS表格的基本操作

任务概述

本任务是使用户了解WPS表格的工作界面，掌握工作簿、工作表、单元格以及数据录入的基本操作。

一、认识WPS表格的界面

WPS表格的界面主要包括标签区、窗口控制区、功能区、名称框、编辑栏、工作表编辑区、工作表列表区、视图控制区等，如图2-1所示。

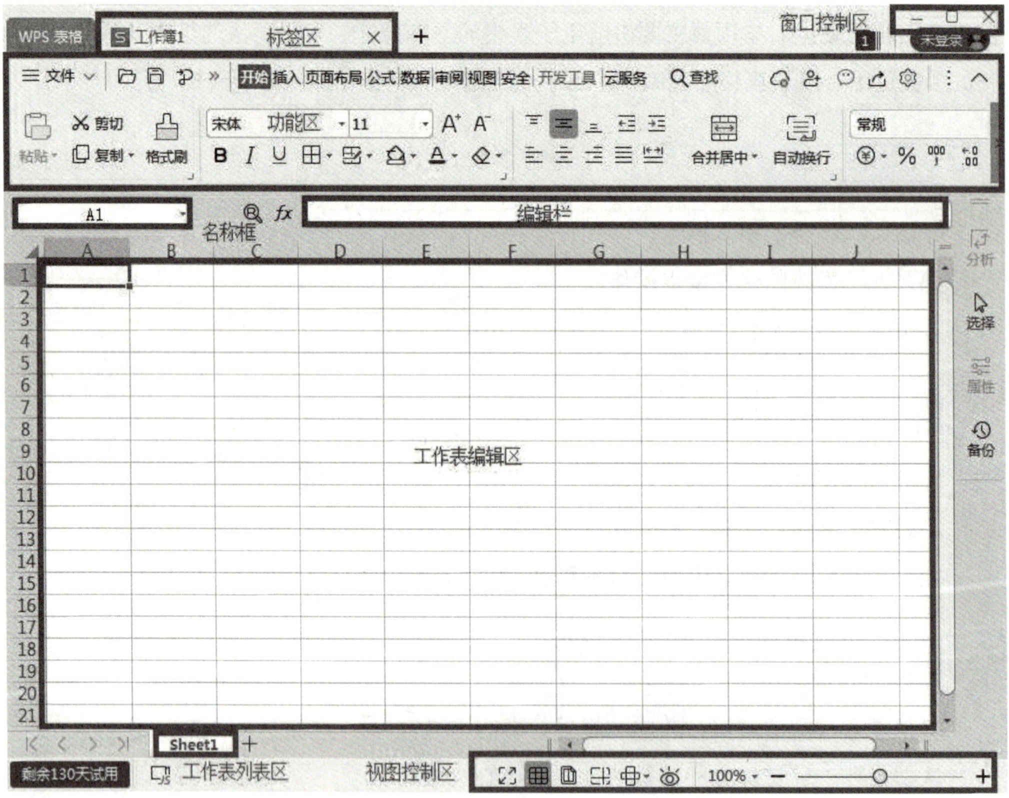

图2-1　WPS表格窗口界面

1.标签区

主要用于显示文件名和访问、切换、新建电子表格。

2.功能区

包括快速访问工具栏及"开始""插入""页面布局""公式""数据""审阅""视图""安全""开发工具"等选项卡，单击功能区的任意选项卡，可以显示其选项卡的按钮和命令。

3.视图控制区

主要用于切换页面视图方式和显示比例，包括全屏显示、普通视图、页面布局、分页预览、阅读模式等。

4.名称框

主要用来显示单元格名称，例如，将鼠标指针定位到第1行和第B列相交的单元格中，就可以在单元格名称框中看到该单元格的名称，即B1。

5.编辑栏

位于名称框右侧，用户可以选定单元格后直接输入数据，也可以通过编辑栏输入数据，在单元格中输入的数据会同步到编辑栏中，并且可以通过编辑栏对单元格数据进行更新操作。

6.工作表编辑区

WPS表格工作窗口中间的空白网状区域，由行号、列标、编辑区域、水平和垂直滚动条组成。

7.工作表列表区

默认情况下打开的工作簿中有3个工作表，被命名为Sheet1、Sheet2、Sheet3，如果默认的工作表不能满足操作需求，可以单击工作表标签右侧的新建工作表按钮"+"，快速添加一个新的空白工作表，新添加的工作表以Sheet4、Sheet5……命名。

二、工作簿操作

WPS表格中用来存储并处理数据的文件被称为工作簿。工作簿操作主要包括新建工作簿、保存工作簿、重命名工作簿、打开工作簿和关闭工作簿。

1.新建工作簿

（1）新建空白工作簿

为了在WPS表格中进行数据操作，需要创建工作簿。

步骤　双击WPS表格的快捷方式图标，启动软件后执行"文件"→"新建"命令，即完成创建。

（2）使用模板创建工作簿

步骤　在打开的工作簿中单击"文件"，选择"新建"子菜单下的"本机上的模板"命令，在弹出的"模板"对话框中选择"常规"下的"空工作簿"命令，单击"确定"按钮，这样新的工作簿就创建成功了，如图2-2所示。

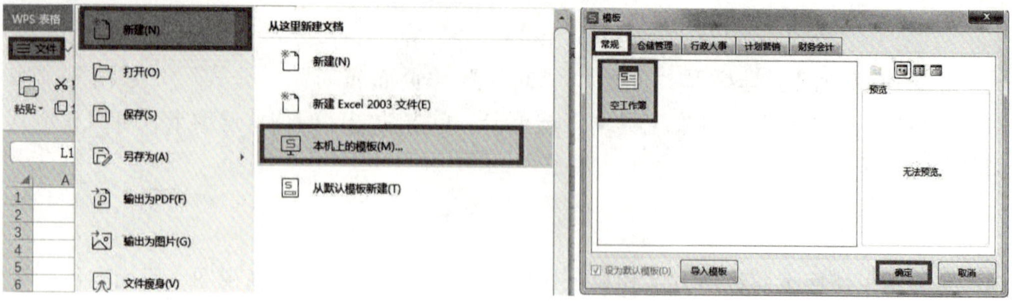

图2-2　从模板新建工作簿

2.保存工作簿

工作簿在进行数据处理时需要保存，避免数据丢失造成不必要的损失。

步骤　在新建的工作簿中执行"文件"→"保存"命令，在弹出的"另存为"对话框中，选择"我的桌面"，单击"保存"按钮，工作簿就保存到桌面了，如图2-3和图2-4所示。也可以按快捷键Ctrl+S保存。

图2-3　保存工作簿1

图2-4　保存工作簿2

工作簿另存为参照以上操作。

3.重命名工作簿

在默认情况下，工作簿以工作簿一、工作簿二依次命名。在操作中，为后续使用方便，可以将工作簿进行重命名。

例：将新建的工作簿重命名为"学生成绩表"并保存在桌面上。

步骤　执行"文件"→"保存"命令，在弹出的"另存为"对话框中单击"我的桌面"按钮，在"文件名"右侧文本框中输入"学生成绩表"，单击"保存"按钮，这样工作簿就完成重命名并保存在桌面上了。

💡 **小提示**

> 选定工作簿，单击右键，在下拉菜单中选择"重命名"命令，输入新的工作簿名，可对工作簿进行重命名。

4.打开工作簿

例：打开"学生成绩表"工作簿。

步骤　双击桌面的"学生成绩表"工作簿，或者右击"学生成绩表"工作簿，选择"打开"命令。

5.关闭工作簿

例：关闭"学生管理表"工作簿。

步骤　单击窗口控制区中的"关闭"按钮，或者单击标签区上的关闭按钮，即可关闭"学生成绩表"工作簿，如图2-5所示。

图2-5　关闭工作簿

三、工作表操作

工作表是显示在工作簿窗口中的表格，它是由行和列构成的一个二维表格。工作表操作主要包括新建工作表、重命名工作表、移动或复制工作表、删除工作表、工作表的行与列操作等内容。

1.新建工作表

在一张新的工作簿中，系统默认的工作表有1个，但在日常操作中，有时可能不满足需求，需要新建工作表。

方法1　单击"开始"选项卡中的"工作表"按钮，选择"插入工作表"命令，如图2-6所示。

图2-6　新建工作表

方法2　单击工作表列表区的"+"新建按钮，如图2-7所示。

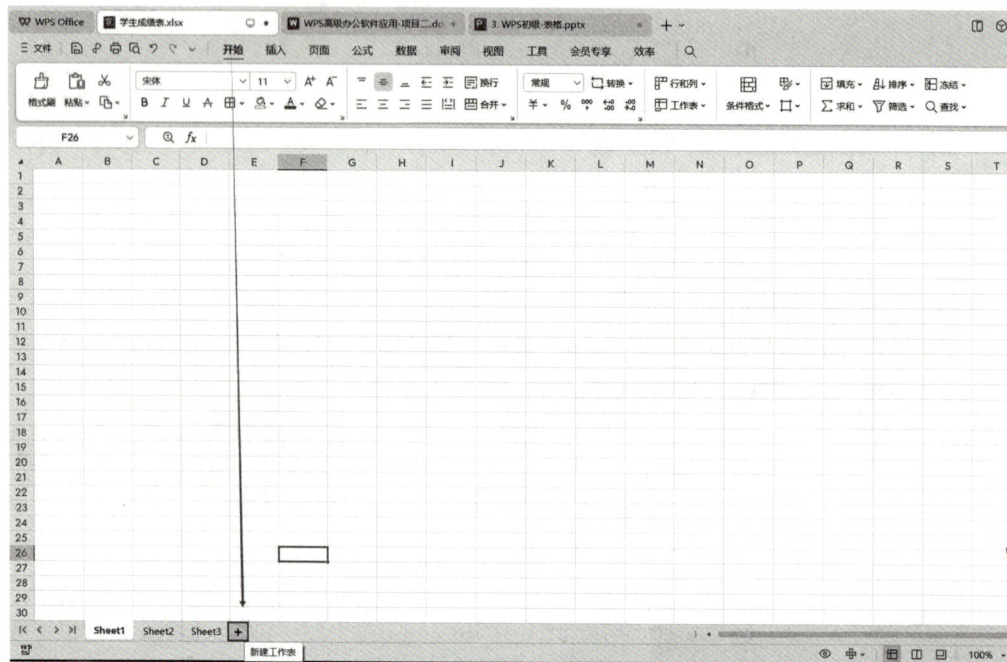

图2-7　新建工作表

2.重命名工作表

在默认情况下，工作表以sheet1、sheet2依次命名，在工作中，为了一目了然地展现工作内容，可以将工作表进行重命名。

例：将Sheet1工作表重命名为"职工基本信息表"。

步骤1　右击Sheet1工作表标签，弹出右键菜单，选择"重命名"命令，如图2-8所示。

步骤2　此时Sheet1工作表标签呈蓝色底纹显示，在标签处输入文字"职工基本信息表"，然后按Enter键就完成了工作表的重命名，如图2-9所示。

图2-8 重命名工作表

图2-9 重命名工作表

💡 **小提示**

直接双击Sheet1工作表标签，输入新工作表名称，即可对工作表进行重命名。

3.移动或复制工作表

复制和移动工作表是工作簿中的常规操作。

例：将"学生情况表"移动到"学生成绩"表之后。

步骤1　右击"学生情况表"工作表标签，在弹出的右键菜单中选择"移动或复制工作表"命令。

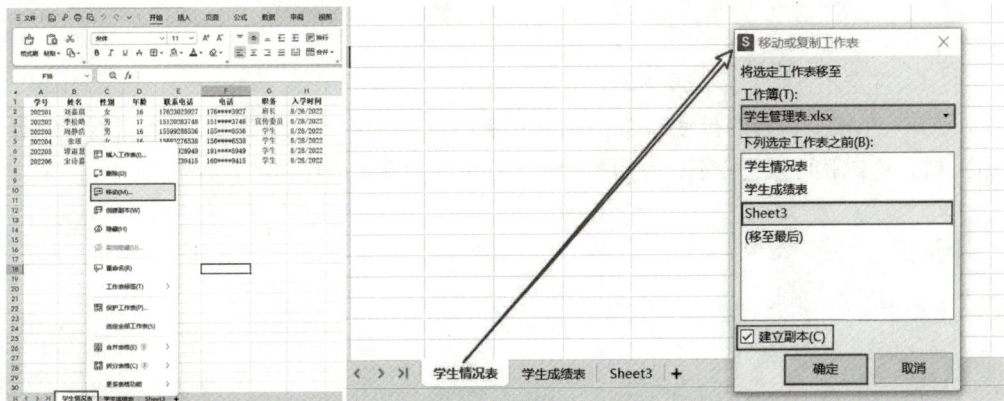

图2-10 移动工作表

步骤2　在弹出的"移动或复制工作表"对话框中，工作簿选择"学生管理表"，在"下列选定工作表之前"选择"Sheet3"，单击"确定"按钮，就可以将"学生情况表"工作表移到"学生成绩表"之后，如图2-10所示。

💡 **小提示**

　　选定工作表标签，按住鼠标左键不放，直接拖动工作表到指定位置后释放鼠标左键可以移动工作表。

如需复制工作表，仅需在移动工作表的操作基础上，在"移动或复制工作表"对话框中多勾选一个"建立副本"复选框即可，如图2-10所示。

4.删除工作表

在工作簿中进行数据处理时，如果有多余的工作表，可以将其删除。

例：删除"学生成绩表"。

步骤　右击"学生成绩表"工作表标签，在弹出的右键菜单中，选择"删除工作表"命令即可。

5.工作表的行列操作

行和列是构成工作表的元素，有时需要对其进行操作调整。

（1）选定整行或整列

步骤　单击某一行的行号标签或某一列的列号标签，就可以选定整行或整列。

（2）选定连续的多行或多列

步骤　单击某一行的行号标签之后按住鼠标左键不放，向上或者向下移动鼠标，就可以选定连续的多行；选定连续多列操作同理。

💡 **小提示**

　　单击某一行的行号标签，按住Shift键不放，再单击选定行号的最末行标签，来连续选定多行。

（3）选定不连续的多行或多列

步骤　单击某一行的行号标签，按住Ctrl键不放，继续单击需要选中的行号标签，释放Ctrl键，这样就可以选定不连续的多行；不连续多列选定操作同理。

💡 **小提示**

　　选定连续，按Shift键，选不连续，按Ctrl键。

（4）插入单行（多行）或单列（多列）

步骤　单击某一行的行号标签，右击，在弹出的右键菜单中选择"插入"命令，在"插入"命令右侧的微调按钮框中设置需要插入的行数，这样就可以插入单行（多行），如图2-11所示。

图2-11　插入多行

同理，单击某一列的列号标签，右击，在弹出的右键菜单中选择"插入"命令，在"插入"命令右侧的微调按钮框中设置需要插入的列数，这样就可以插入单列(多列)，如图2-12所示。

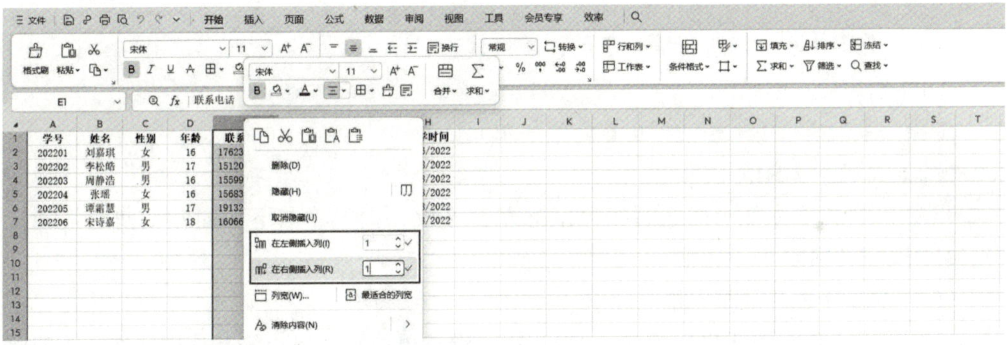

图2-12　插入多列

（5）删除行或列

步骤　单击某一行的行号标签，右击，在弹出的右键菜单中选择"删除"命令，就可以删除行；同理操作删除列。

（6）设置行高和列宽

步骤　选定行标签，右击，在弹出的右键菜单中选择"列宽"命令，在弹出的"列宽"对话框的微调按钮框中输入需要设置的列宽参数，单击"确定"按钮，这样就完成列宽的设置；同理操作设置行高，如图2-13所示。

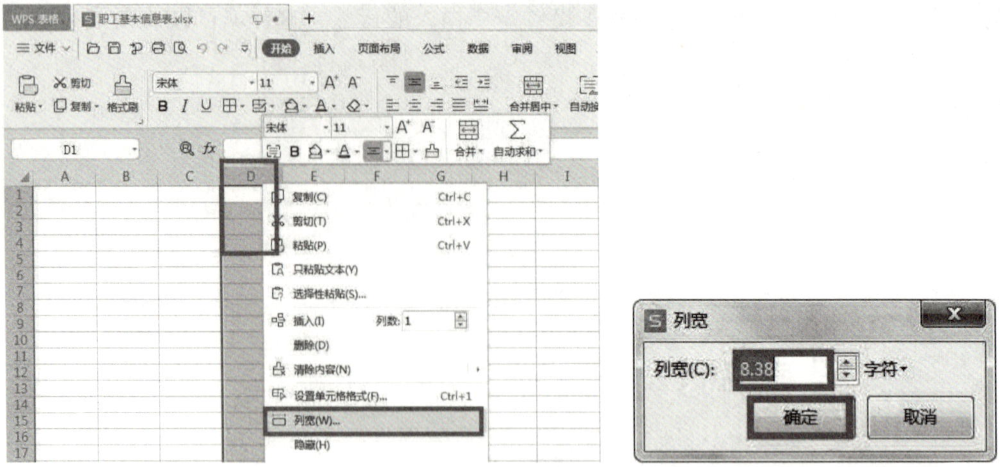

图2-13　设置列宽

四、单元格操作

单元格是WPS表格中行与列的交叉部分，是组成表格的最小单位。单元格操作包括选定单元格、插入和删除单元格、复制和移动单元格、合并和拆分单元格和设置批注等内容。

1.选定单元格

在对工作表中单元格进行编辑之前，需将其选定。

（1）选定任一单元格

步骤　单击任一单元格，即可选定任一单元格。

（2）选定连续的单元格

步骤　单击任一单元格之后按住鼠标左键不放，向上、向下、向左、向右拖动鼠标，就可以选定连续的单元格。

（3）选定不连续的单元格

步骤　单击任一单元格，按住Ctrl键不放，继续单击需要选中的其他单元格，直至将所有需要选择的单元格都选中，释放Ctrl键，这样就可以选定不连续的单元格。

💡 **小提示**

选定连续单元格，需按Shift键；选不连续单元格，需按Ctrl键。

2.插入和删除单元格

在实际操作中，有时需要在工作表中插入空白单元格，或者删除不需要的多余单元格。

（1）插入一个单元格

例：在B2单元格左方插入一个单元格。

步骤　选定B2单元格，右击，在弹出的右键菜单中选择"插入"命令，在弹出的下拉列表中选择"插入单元格，活动单元格右移"命令，这样就可以在B2单元格左方插入一个单元格了，如图2-14所示。

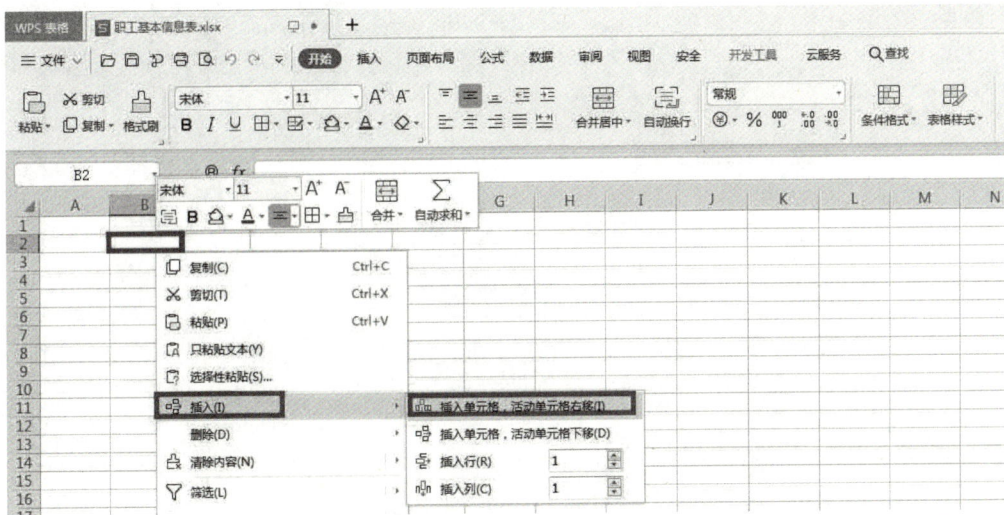

图2-14　插入单元格

（2）删除单元格

步骤　单击要删除的单元格，右击，在弹出的右键菜单中选择"删除"命令，在弹出的下拉列表中选择"右侧单元格左移"或者"下方单元格上移"命令，这样就可以删除单元格了。

3.复制和移动单元格

在操作中，可以根据所需将工作表的单元格复制或移动到其他工作表中。

（1）复制单元格

例：复制B2单元格数据到C2单元格。

步骤　选定B2单元格，右击，在弹出的右键菜单中选择"复制"命令。单击C2单元格，右击，在弹出的右键菜单中选择"粘贴"命令，即可完成复制，如图2-15所示。

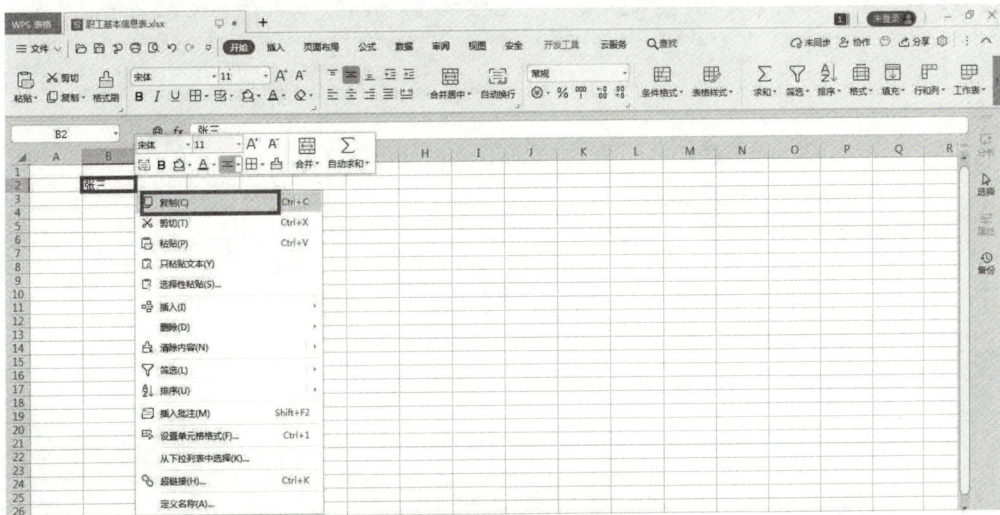

图2-15　复制单元格

💡 **小提示**

单元格复制：选定单元格后按快捷键Ctrl+C，再选定另一个单元格，再按快捷键Ctrl+V。

（2）移动单元格

例：移动B2单元格数据到C2单元格。

步骤　单击B2单元格，右击，选择"剪切"命令，右击C2单元格，在弹出的右键菜单中选择"粘贴"命令，即可完成单元格数据移动，如图2-16和图2-17所示。

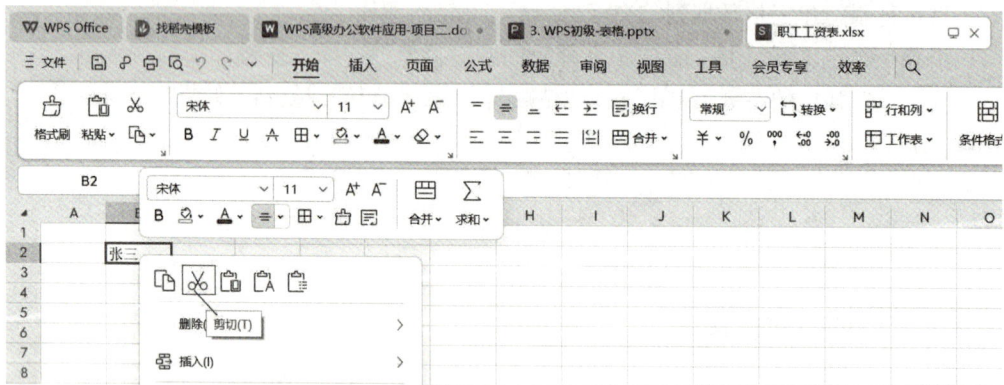

图2-16　剪切单元格

图2-17 粘贴单元格

💡 **小提示**

单元格剪切：选定单元格后按快捷键Ctrl+X，再选定另一个单元格，再按快捷键Ctrl+V。

4.合并和拆分单元格

合并单元格是将位于同一行或同一列的两个或两个以上的单元格合并为一个单元格。拆分单元格是将一个单元格拆分成两个或多个单元格。

（1）单元格合并

例：将B2单元格和B3单元格合并。

步骤 选中B2单元格和B3单元格，单击"开始"选项卡中的"合并居中"下拉按钮，在弹出的下拉列表中选择"合并居中"或者"合并单元格"命令，如图2-18所示。

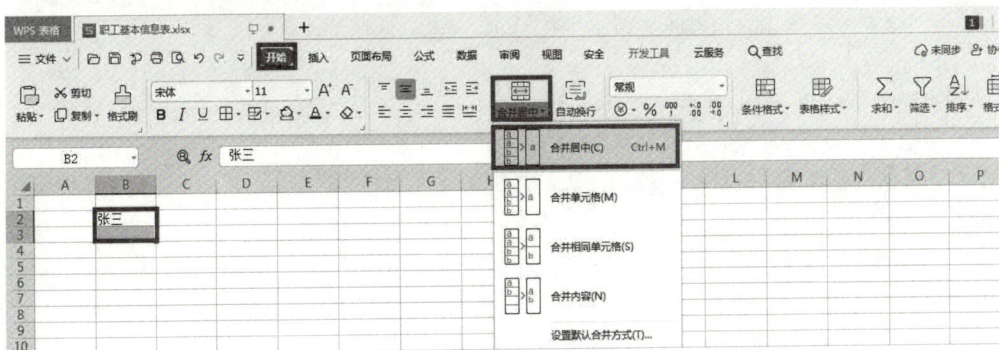

图2-18 合并单元格

（2）合并相同单元格

例：将B2单元格、B3单元格、B4单元格、B5单元格的数据合并相同单元格。

步骤 选中B2、B3、B4、B5单元格，单击"开始"选项卡中的"合并居中"下拉按钮，在弹出的下拉列表中选择"合并相同单元格"命令，这样B2、B3、B4、B5单元格中的相同数据就能进行合并，如图2-19和图2-20所示。

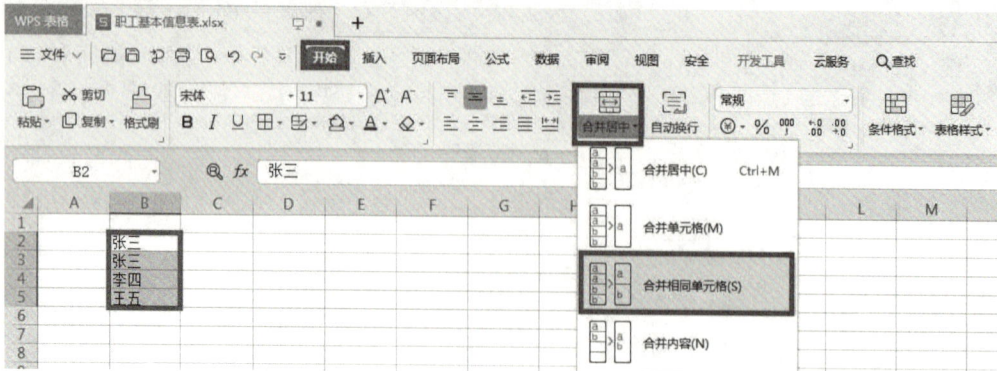

图2-19　合并相同单元格1

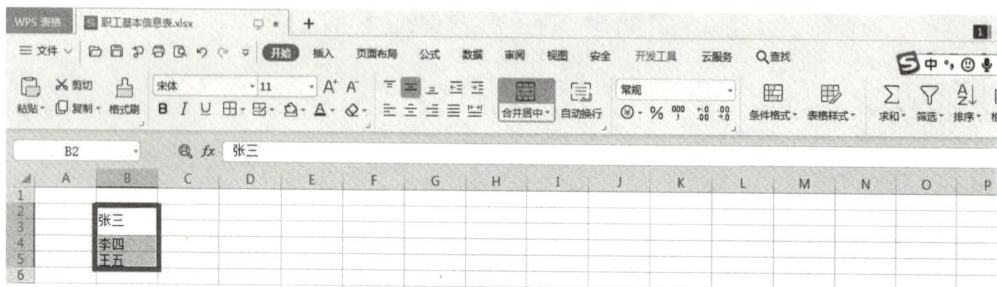

图2-20　合并相同单元格2

（3）拆分单元格

例：将合并的B2单元格和B3单元格拆分。

步骤　选中B2单元格和B3单元格合并后的单元格，在"开始"选项卡中单击"合并居中"下拉按钮，在弹出的下拉列表中选择"取消合并单元格"命令，就完成了单元格拆分，如图2-21所示。

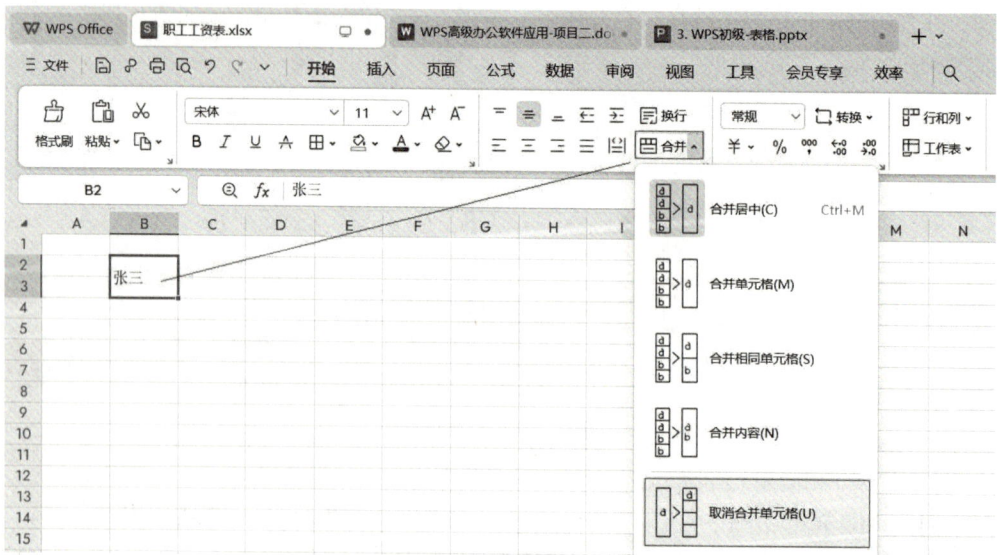

图2-21　拆分单元格

5.设置批注

WPS表格中有时需要用到批注，批注能简单地将所需的备注内容放入单元格中，还不占地方。

（1）新建批注

例：在B2单元格新建批注。

步骤　选定B2单元格，在"审阅"选项卡中单击"新建批注"按钮，如图2-22所示。还可以选定单元格后，右击，在弹出的下拉菜单中选择"插入批注"命令，如图2-23所示。

图2-22　新建批注1

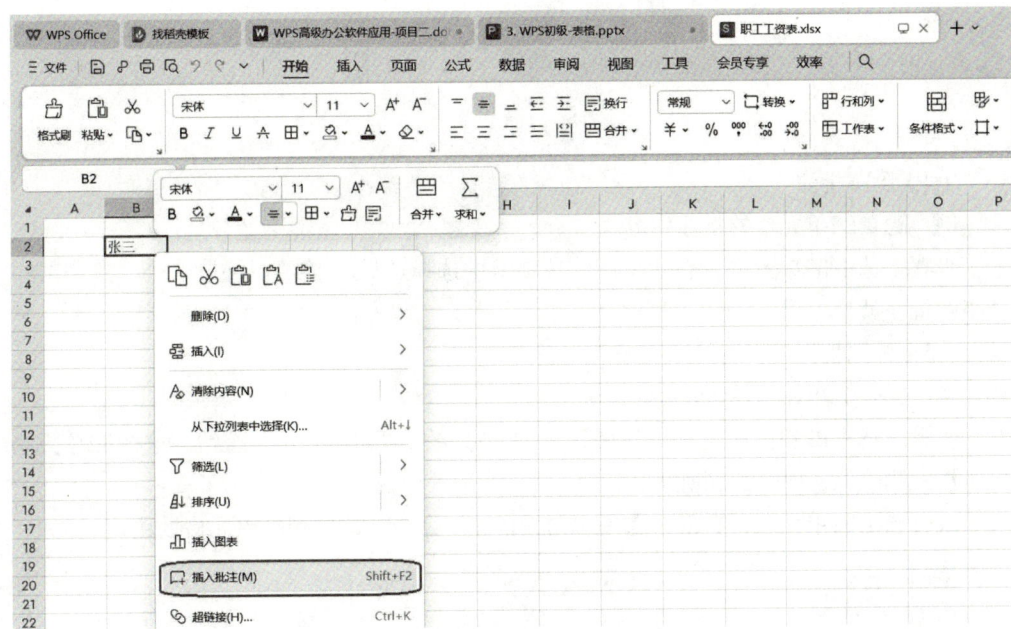

图2-23　新建批注2

（2）编辑批注

例：在B2单元格编辑批注，内容为"建筑信息部计算机2班学生"。

步骤　选中B2单元格，单击"审阅"选项卡中的"编辑批注"按钮，在对话框里输入批注内容即可，如图2-24所示。

图2-24 编辑批注

（3）显示批注

例：在B2单元格显示批注。

步骤 选中B2单元格，在"审阅"选项卡中单击"显示"按钮，选择"显示隐藏批注"命令，这样B2单元格的批注就显示出来了，如图2-25所示。

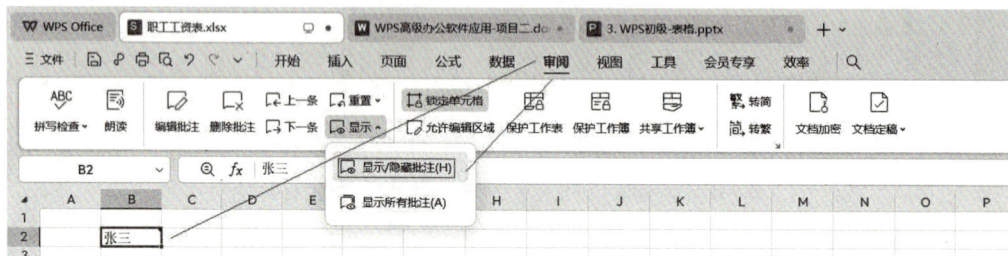

图2-25 显示/隐藏批注

（4）隐藏批注

例：隐藏B2单元格的批注内容。

步骤 选中B2单元格，在"审阅"选项卡中选择"显示/隐藏批注"命令，这样B2单元格的批注就隐藏了。

（5）删除批注

例：删除B2单元格的批注。

步骤 选中B2单元格，在"审阅"选项卡中单击"删除批注"按钮，这样B2单元格的批注就删除了，如图2-26所示。

或者选定B2单元格，右击，选择"删除批注"命令，即可删除单元格批注。

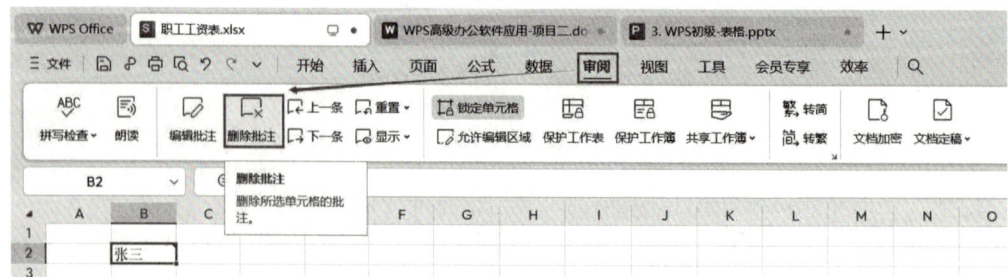

图2-26 删除批注

五、数据录入

在使用WPS表格输入数据时，要正确使用各种类型的数据，避免出现因使用不当造成的数据丢失等现象。WPS表格中常用的数据类型有：字符型(文本型）数据、数值型（数字型）数据、日期型数据。

1.输入字符型数据

在WPS表格中，字符包含汉字、英文字母、空格及其他字符，也可以是它们的任意组合，默认情况下，字符数据在单元格中左对齐，在录入数据时，需要注意以下几点：

（1）数字和非数字组合，为字符型数据。

（2）一些不参与运算的数字，尽量设置成字符型，比如：邮政编码、身份证号码、学号、电话等，在输入时可以直接按字符型数据输入，输入时先输一个单引号“'”，然后再输入数据，就会定义该数据为字符型数据。例：输入邮政编码563209，应连续输入“'563209”，然后按Enter键，输入的数据就是字符型数据，并自动左对齐。

小提示

- 在表格中，输入的数据超过11位，或者是0开头的超过5位数的数字（如：023456、1122334455466），WPS表格会自动识别为字符型数据。
- 字符型数据左对齐，数值型数据右对齐。

例：在“学生管理表”工作簿的“学生情况表”工作表中输入字符型数据。

步骤　在A1:G1区域依次输入学号、姓名、性别、年龄、职务、入学时间、联系电话，其中学号、姓名、性别、职务、联系电话列是字符型数据。将这几列依次输入数据，如图2-27所示。

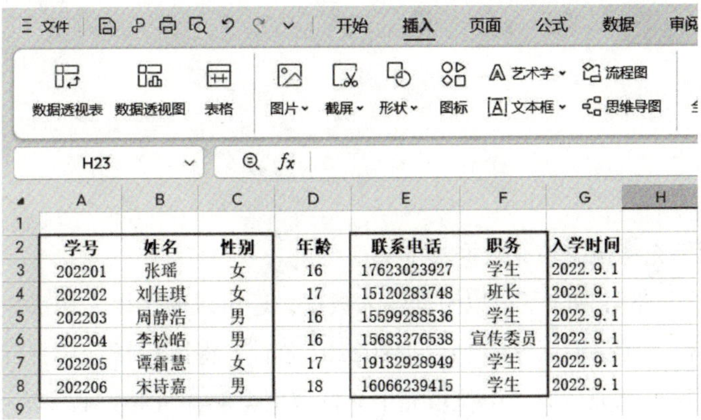

学号	姓名	性别	年龄	联系电话	职务	入学时间
202201	张瑶	女	16	17623023927	学生	2022. 9. 1
202202	刘佳琪	女	17	15120283748	班长	2022. 9. 1
202203	周静浩	男	16	15599288536	学生	2022. 9. 1
202204	李松皓	男	16	15683276538	宣传委员	2022. 9. 1
202205	谭霜慧	女	17	19132928949	学生	2022. 9. 1
202206	宋诗嘉	男	18	16066239415	学生	2022. 9. 1

图2-27　输入字符型数据

2.输入日期型数据

在WPS表格中，需要录入一些日期型数据，输入日期型数据时，年月日之间要用“/”或者是“-”隔开，如“1996-12-2”或“2022/11/25”。

例：在“学生管理表”工作簿的“学生情况表”工作表中输入日期型数据。

步骤　表中的入学工作时间是日期型数据，输入时单击G2单元格，输入“2022-8-26”，按Enter键，用同样的方法输入G3:G7区域的数据，如图2-28所示。

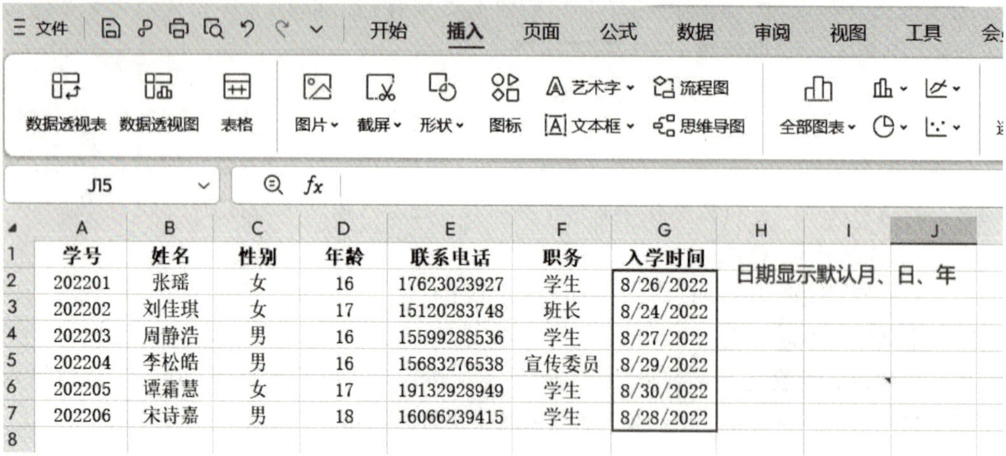

	A	B	C	D	E	F	G
1	学号	姓名	性别	年龄	联系电话	职务	入学时间
2	202201	张瑶	女	16	17623023927	学生	8/26/2022
3	202202	刘佳琪	女	17	15120283748	班长	8/24/2022
4	202203	周静浩	男	16	15599288536	学生	8/27/2022
5	202204	李松皓	男	16	15683276538	宣传委员	8/29/2022
6	202205	谭霜慧	女	17	19132928949	学生	8/30/2022
7	202206	宋诗嘉	男	18	16066239415	学生	8/28/2022

图2-28　输入日期型数据

3.输入数值型数据

在WPS表格中，数值型数据包括0～9中的数字以及含有正号、负号、货币符号、百分号等任一种符号的数据。

小提示

在使用该类型的数据时，需要注意以下两点。

- 输入负数时，应在数值前加“-”号或将其置于（ ）里。

例：“-9”应输入“-9”或“（9）”。

- 输入分数时，应在数值前面先输入“0”和一个空格。

例：要输入分数“2/3”，在编辑框中输入“0空格2/3”。

4.快速填充数据

（1）使用填充柄快速填充数据

在图2-28中，学号列除了可以手动输入数据，还可以使用填充柄快速填充数据。

步骤　在A2单元格输入字符型数据202201之后，将鼠标指针放置在A2单元格右下角，出现“+”字形填充柄时，下拉填充单元格数据至A7单元格，就完成了顺序式填充，如图2-29所示。

（2）使用快捷键快速填充数据

在图2-28中，性别列除了可以手动输入数据，还可以使用快捷键快速填充数据。

例：用快捷键快速录入学生成绩表中的性别数据。

步骤　单击C2单元格，在按住Ctrl键的同时单击要输入相同数据的C3、C6单元格，输入需要填充的数据"女"，按Ctrl+Enter组合键，这样就可以快速填充性别为"女"的数据。

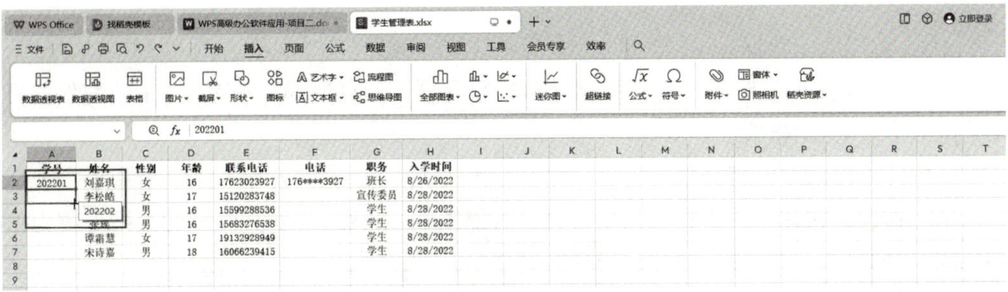

图2-29　数据快速填充

（3）向下填充数据

在"学生情况表"中，G3:G7区域的信息完全相同，用户除了可以手动输入数据，还可以使用向下填充数据的方式快速填充数据。

步骤　在H2单元格输入"2022/8/28"，选中H3:H7区域，在"开始"选项卡中单击"填充"下拉按钮，在弹出的下拉列表中选择"向下填充"命令，就能将H3:H7区域快速填充数据，如图2-30所示。

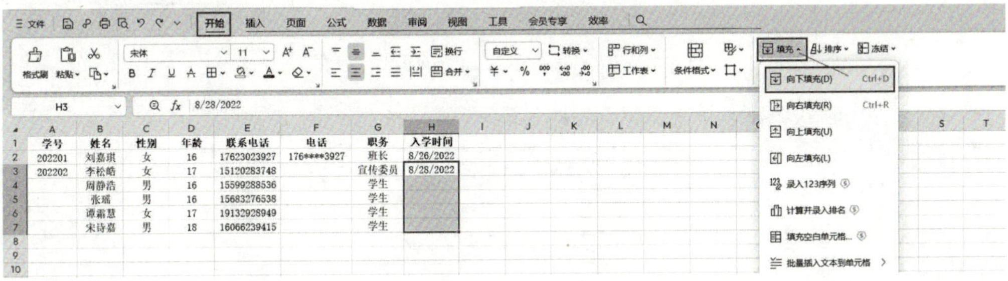

图2-30　向下填充数据

（4）向上填充数据

在"学生情况表"中，G4:G7区域的信息完全相同，用户除了可以手动输入数据，还可以使用向上填充数据的方式快速填充数据。

步骤　在G7单元格输入"学生"，在"开始"选项卡中单击"填充"下拉按钮，在弹出的下拉列表中选择"向上填充"命令，就能将F3:F7区域快速填充数据，如图2-31所示。

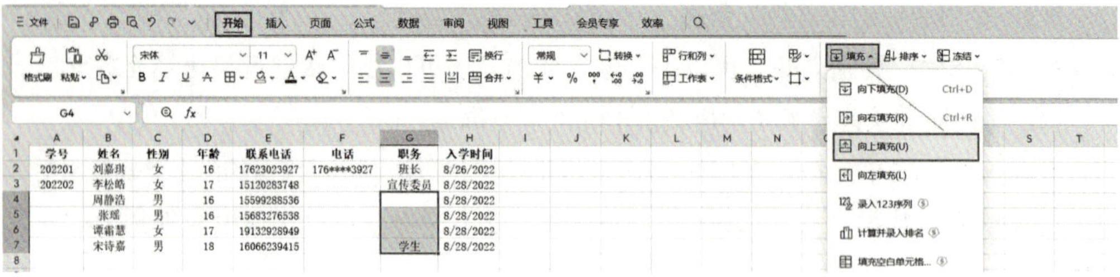

图2-31　向上填充数据

（5）智能填充数据

图2-28中的E列显示了学生的电话号码，容易导致信息泄露，故可以将E列的数据更改为隐藏中间4位的格式。

步骤　单击F2单元格，输入字符串"176****3927"，在"开始"选项卡中单击"填充"下拉按钮，在弹出的下拉列表中选择"智能填充"命令，就能把F列的数据更改为隐藏中间4位的格式，如图2-32和图2-33所示。

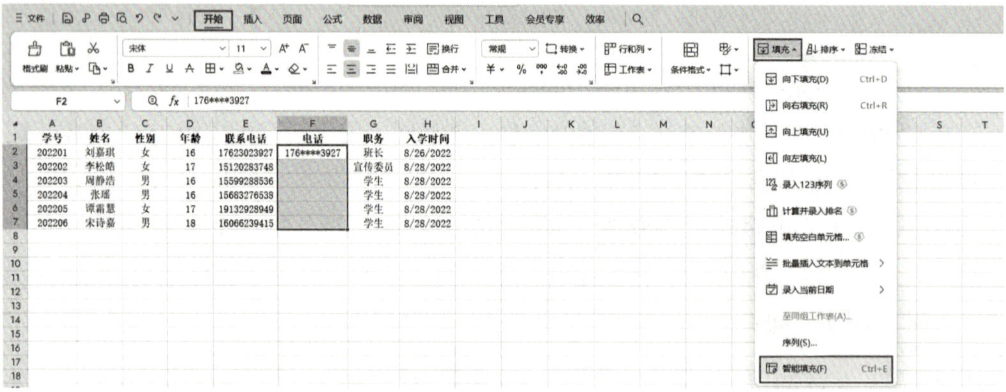

图2-32　智能填充数据

图2-33　智能填充数据效果图

💡 **小提示**

快捷填充相同数据：Ctrl+Enter；智能填充：Ctrl+E。

5.输入等差数列

在WPS表格中，有时需要输入等差数列，如2、5、8、11……此时，可以通过使用序列功能实现。

例：在工作表中输入等差数列，最初数据为2，步长值为3，终止值为20。

步骤1　在A1单元格中输入最初数据2，在"开始"选项卡中单击"填充"下拉按钮，在弹出的下拉列表中选择"序列"命令，如图2-34所示。

图2-34　等差数列

步骤2　弹出"序列"对话框，在"序列产生在"栏中选中"行"单选按钮，在"类型"栏中选中"等差序列"单选按钮，在"步长值"文本框中输入"3"，在"终止值"文本框中输入"20"，单击"确定"按钮，即可在工作表中输入等差数列，如图2-35所示。

图2-35　等差数列

💡 **小提示**

在A1、B1单元格分别输入2和5，选中A1:B1区域，按住鼠标左键拖动到G1单元格可以完成快速填充。

6.输入等比数列

在WPS表格中，有时需要输入等比数列。等比数列是数之间成倍关系的序列。

例：在工作表中输入等比数列，最初数据为3，步长值为2，终止值为48。

步骤　在A1单元格中输入最初数据3，在"开始"选项卡中单击"填充"下拉按钮，在弹出的下拉列表中选择"序列"命令，弹出"序列"对话框。在"序列产生在"栏中选中"列"单选按钮，在"类型"栏中选中"等比序列"单选按钮，在"步长值"文本框中输入"2"，在"终止值"文本框中输入"48"，单击"确定"按钮，即可在工作表中输入等比数列。

7.制作动态下拉列表

在录入限定选项的数据时，为提高操作效率，可以通过制作动态下拉列表框来实现。

例：为"学生情况表"中性别列制作动态下拉列表。

步骤1 选中C2:C7区域，在"数据"选项卡中单击"插入下拉列表"按钮，在弹出的"插入下拉列表"对话框中选中"手动添加下拉选项"按钮，单击右上角的绿色"+"号分别创建"男""女"选项后，单击"确定"按钮，如图2-36所示。

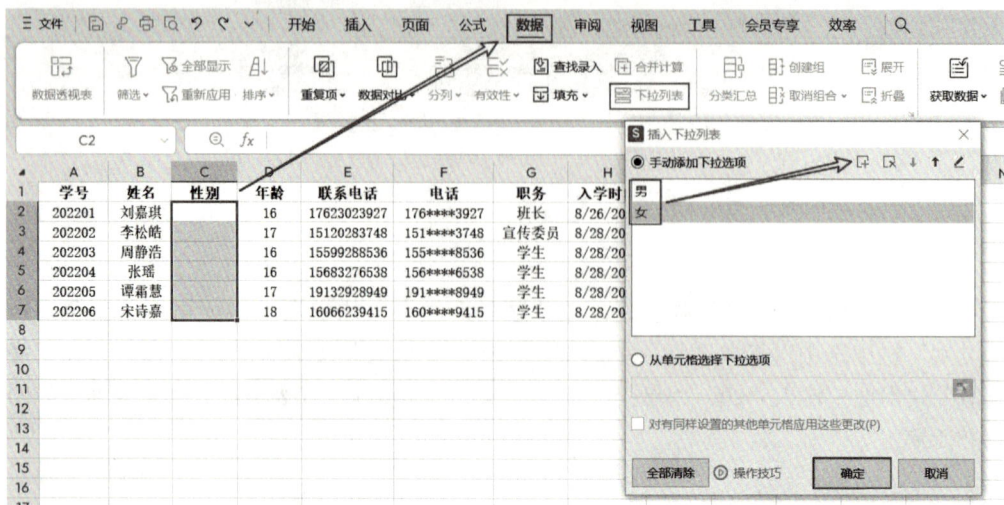

图2-36 插入下拉列表框

步骤2 单击设置好的单元格，右边会出现一个下拉按钮，单击该按钮即可选择需要填入的"性别"信息，如图2-37所示。

图2-37 下拉列表框效果图

自我测试

一、填空题

1.单元格格式设置包括_____、_____、_____、_____、_____等。

2.边框在_____对话框中设置。

3.当设置好的条件格式不再使用时，可以通过_____取消。

4.表格转化为区域后，首行不再有_____按钮。

5.工作表标签颜色_____（能/不能）更改。

二、实作题

在素材文件"职工工资表"中完成以下操作：

1.将"Sheet1"工作表重命名为"职工工资表"。

2.选中C3:C15区域插入下拉列表，内容是"综合部""销售部""生产部""物资部""技术部"。

3.选中D3:D15区域插入下拉列表，内容是"管理人员""销售人员""生产人员""技术人员"。

4.选中A1:J15区域设置行高为25磅，列宽为15字符。

任务二

WPS表格的格式设置

任务概述

本任务是使用户掌握WPS表格的基本格式设置，对表格进行美化，达到锦上添花的效果。

一、设置单元格格式

设置单元格格式包括数字格式、对齐方式、字体格式、边框、图案等操作。

1.设置数字格式

例：在"学生情况表"中将出生日期列设置成××年××月××日的样式。

步骤　选中D2:D7区域，在"开始"选项卡中单击"单元格格式：数字"对话框按钮。在弹出的"单元格格式"对话框中选择"数字"选项卡中"分类"列表下的"日期"命令，在弹出的"类型"列表下选择"2001年3月7日"样式，单击"确定"按钮。这样就完成了日期格式设置，如图2-38和图2-39所示。

图2-38　设置数字日期型格式

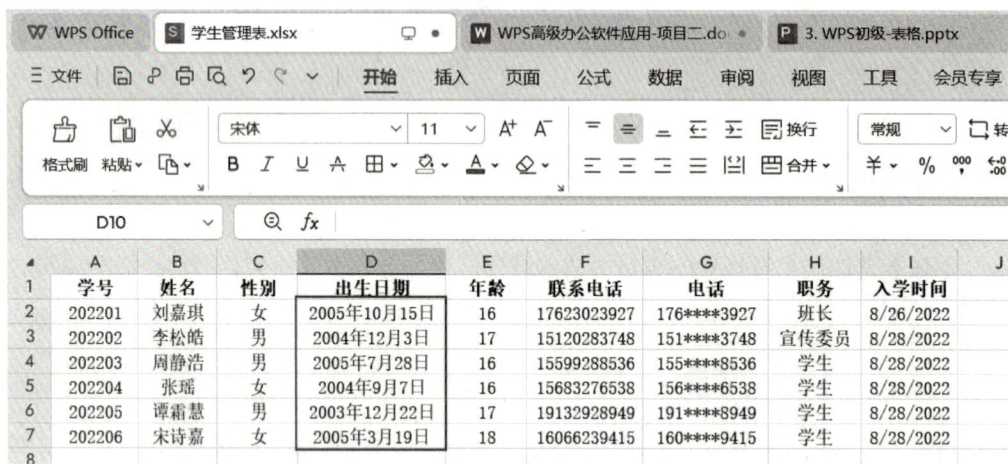

图2-39　设置数字日期型格式效果图

💡 **小提示**

快速调出"单元格格式"对话框：选定单元格区域后右击选择"设置单元格格式"命令或按快捷键Ctrl+1。

2.设置对齐方式

为了让表中数据整齐美观，可以为数据设置对齐方式。

例：将"学生情况表"中的数据设置成居中对齐。

步骤　选中A1:H7区域，在"开始"选项卡中单击"垂直居中"和"水平居中"按钮，这样工作表中的全部数据就设置成居中对齐了，如图2-40所示。

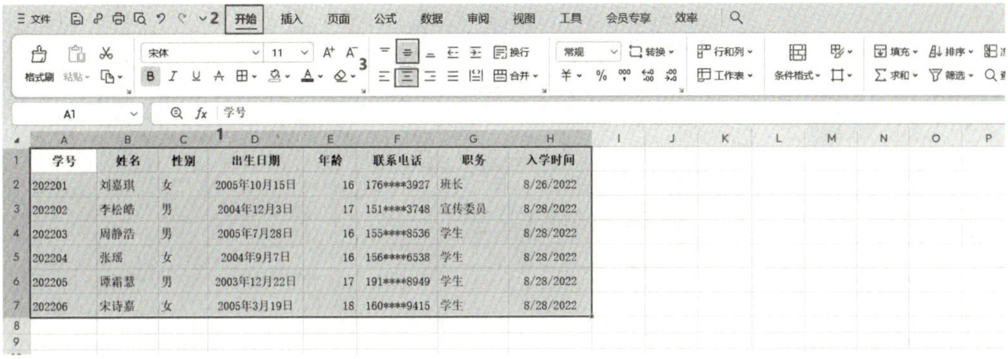

图2-40　设置数值对齐方式

3.设置字体格式

在单元格中，为了让表格文字更美观，可以改变字体类型和大小，通过字体格式来实现。

例：将"学生情况表"中的中文设置成12号宋体，数字及时间设置成11号Times New Roman字体。

步骤　选中A2:C7区域，在按住Ctrl键的同时选中G2:G7区域，单击"开始"选项卡的"字体"右侧的下拉按钮，在弹出的下拉列表中选择"宋体"，单击"字号"右侧的下拉按钮，在弹出的下拉列表中选择"12"；选中D2:F7区域和H2:H7区域，单击"开始"选项卡的"字体"右侧的下拉按钮，在弹出的下拉列表中选择"Times New Roman"，单击"字号"右侧的下拉按钮，在弹出的下拉列表中选择"11"，这样就完成了字体格式设置，如图2-41所示。

图2-41　设置字体格式

4.设置边框

在工作表中，为使工作表的轮廓更清晰，让工作表更美观整齐，可以为表格添加边框。

例：为"学生情况表"设置边框。

步骤　选中A1:H7区域，按快捷键Ctrl+1，在弹出的对话框中单击"边框"选项卡。在"样式"栏中选择喜欢的框线样式，在"颜色"栏中选择喜欢的颜色。选择"预置"栏中的"外边框"；在"样式"栏中选择粗实线，单击"边框"上下端，使上下框变粗；在"样式"栏中选择细点线，选择"预置"栏中的"内部"；最后单击"确定"按钮，"学生情况表"的边框就设置好了，如图2-42所示。

图2-42　设置边框

5.设置图案底纹

通过设置图案，使工作表内容和数据更加清晰，整齐美观。

例：为"学生情况表"设置图案。

步骤　选中A1:H7区域，右击，在弹出的菜单中选择"设置单元格格式"命令，在弹出的对话框中单击"图案"选项卡，在"颜色"栏中选择所需底纹颜色，在"图案样式"栏中选择所需图案样式，在"图案颜色"栏中选择所需图案颜色，单击"确定"按钮，工作表就将设置好图案了，如图2-43所示。

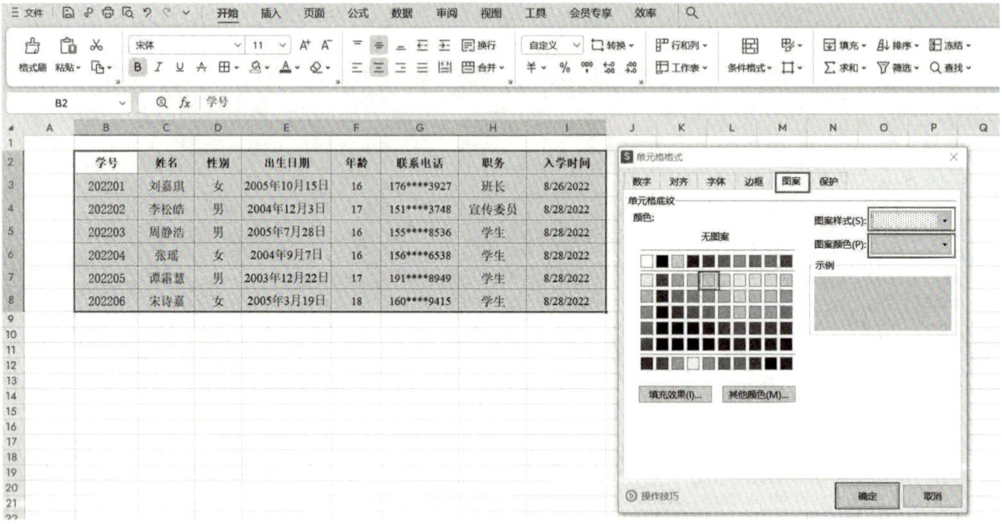

图2-43　设置图案底纹

二、设置条件格式

在编辑工作表时，可以快速设置一些单元格格式，凸显工作表数据，通过条件格式设置实现，本小节只讲解设置条件格式的一种情形，其余情形的操作类似，这里不再赘述。

1.设置条件格式

在实际操作中，有时需要对工作表的内容设置条件格式，以进行标记，这样更加直观醒目。

例：将"学生情况表"中职务为"学生"的单元格设置成"浅红填充色深红色文本"。

步骤1　选中H3:H8区域，在"开始"选项卡中单击"条件格式"下拉按钮，在弹出的下拉列表中选择"突出显示单元格规则"中的"等于"命令，如图2-44所示。

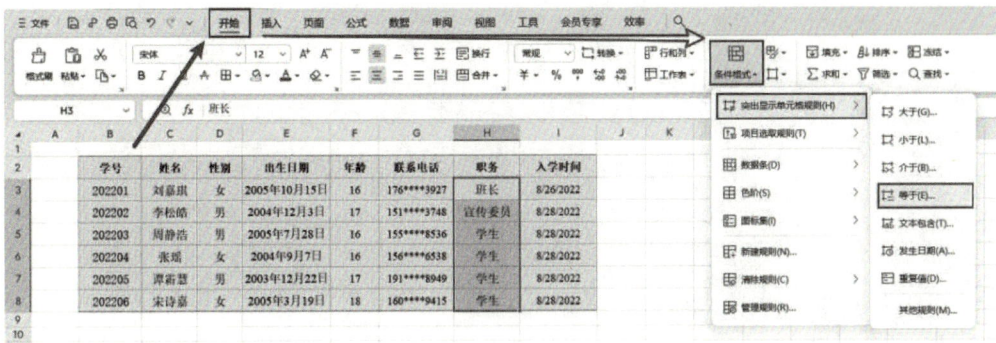

图2-44　设置条件格式1

步骤2　在"等于"对话框"为等于以下值的单元格设置格式"中输入"学生"，在"设置为"下拉列表中选择"浅红填充色深红色文本"，单击"确定"按钮即可，如图2-45所示。

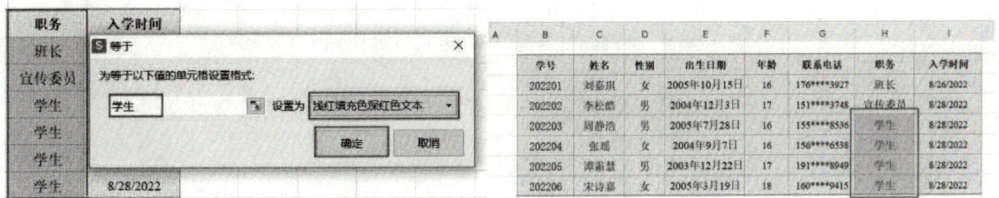

图2-45　设置条件格式2

2.管理和清除条件格式

当设置好的条件格式不再使用时，可以通过管理和清除条件格式来实现。

例：将"学生情况表"中的"职务"列的条件格式清除。

步骤　选中H3:H8区域，在"开始"选项卡中单击"条件格式"下拉按钮，在弹出的下拉列表中选择"清除规则"中的"清除所选单元格的规则"命令，这样就将清除工作表的条件格式。

三、设置表格样式

设置表格样式主要包括创建表格、将表格转换为区域、套用表格样式等内容。

1.创建表格

创建表格可以使用户在原有的数据表中创建一个表，可以在创建好的表格中，对表格中的数据进行排序、筛选。

例：将“学生成绩表”中的数据创建成表格。

步骤1　选中A1:H7区域，在“插入”选项卡中单击“表格”按钮，如图2-46所示。

学号	姓名	性别	出生日期	年龄	联系电话	职务	入学时间
202201	刘嘉琪	女	2005年10月15日	16	176****3927	班长	8/26/2022
202202	李松皓	男	2004年12月3日	17	151****3748	宣传委员	8/28/2022
202203	周静浩	男	2005年7月28日	16	155****8536	学生	8/28/2022
202204	张瑶	女	2004年9月7日	16	156****6538	学生	8/28/2022
202205	谭霜慧	男	2003年12月22日	17	191****8949	学生	8/28/2022
202206	宋诗嘉	女	2005年3月19日	18	160****9415	学生	8/28/2022

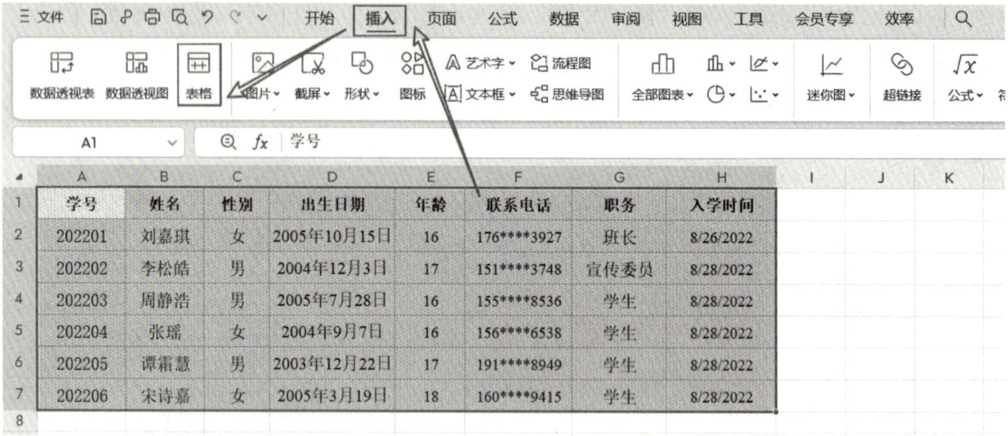

图2-46　创建表格1

步骤2　在弹出的“创建表”对话框的“表数据的来源”中输入“=$A$1:$H$7”，勾选“表包含标题”和“筛选按钮”复选框，单击“确定”按钮，这样就将“学生情况表”中的数据创建成表格，如图2-47所示。

学号	姓名	性别	出生日期	年龄	联系电话	职务	入学时间
202201	刘嘉琪	女	2005年10月15日	16	176****3927	班长	8/26/2022
202202	李松皓	男	2004年12月3日	17	151****3748	宣传委员	8/28/2022
202203	周静浩	男	2005年7月28日	16	155****8536	学生	8/28/2022
202204	张瑶	女	2004年9月7日	16	156****6538	学生	8/28/2022
202205	谭霜慧	男	2003年12月22日	17	191****8949	学生	8/28/2022
202206	宋诗嘉	女	2005年3月19日	18	160****9415	学生	8/28/2022

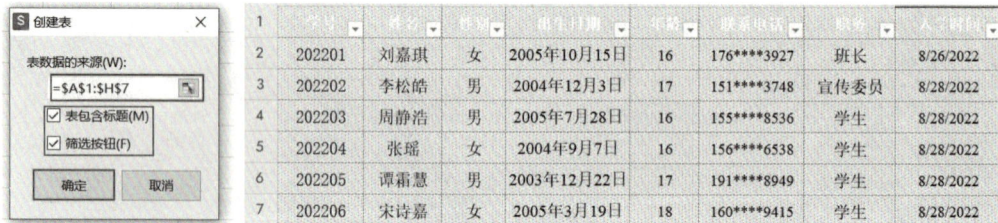

图2-47　创建表格2

2.将表格转换为区域

将插入的表格转化为区域后，表格就不会作为新插入的表格处理，在首行不会有筛选按钮，而是变成没有任何格式的普通区域，要取消首行的筛选按钮或者是转化为普通区域，可以通过表格转化为区域来实现。

例：将上例中创建的表格转换为区域。

步骤1　单击A1:H7区域中的任一单元格，在“功能区”中会多出一个“表格工具”选项卡，选择“转换为区域”命令。

步骤2　在弹出的“WPS表格”对话框中单击“确定”按钮，这样就将上一节中创建的表格转换为区域，如图2-48所示。

图2-48　表格转换区域

3.套用表格样式

WPS表格中系统内置了许多表格样式，用户可以直接套用这些样式来美化工作表，而且比较快速，可提高效率。

例：将"学生情况表"中的数据套用表格样式。

步骤1　选中B2:I8区域，在"开始"选项卡中单击"表格样式"下拉按钮，在弹出的下拉列表中选择任一种表格样式，如图2-49所示。

步骤2　在弹出的"套用表格样式"对话框中单击"确定"按钮，工作表就会套用表格样式，如图2-50所示。

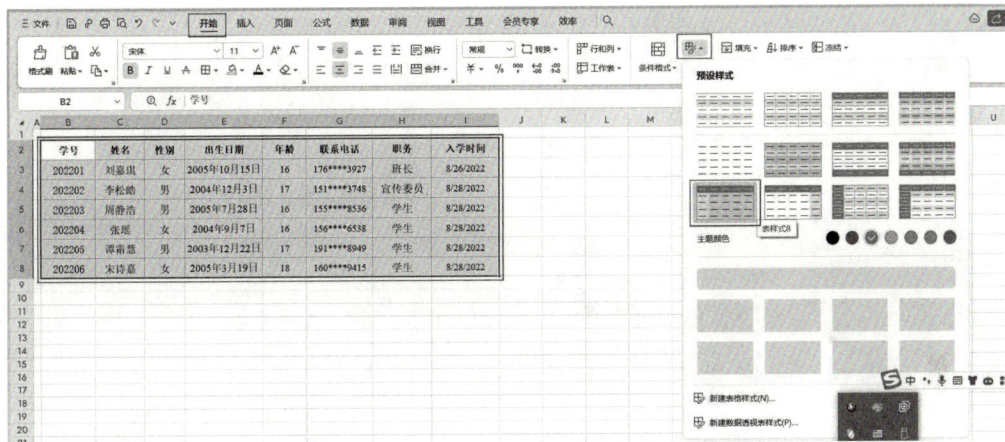

图2-49　套用表格样式1

图2-50　套用表格样式2

四、设置工作表标签颜色

在工作表较多时，设置工作表标签颜色，可以让工作表各自有所区别，可以根据颜色快速找到工作表，其次可以美化工作表。

例：将工作表"学生情况表"的标签颜色设置成蓝色。

步骤　右击工作表标签，在弹出的菜单中选择"工作表标签"→"标签颜色"命令，选择蓝色，这样就会将工作表标签颜色设置成蓝色，如图2-51所示。当切换工作表的时候，工作表标签颜色就会显示出来，如图2-52所示。

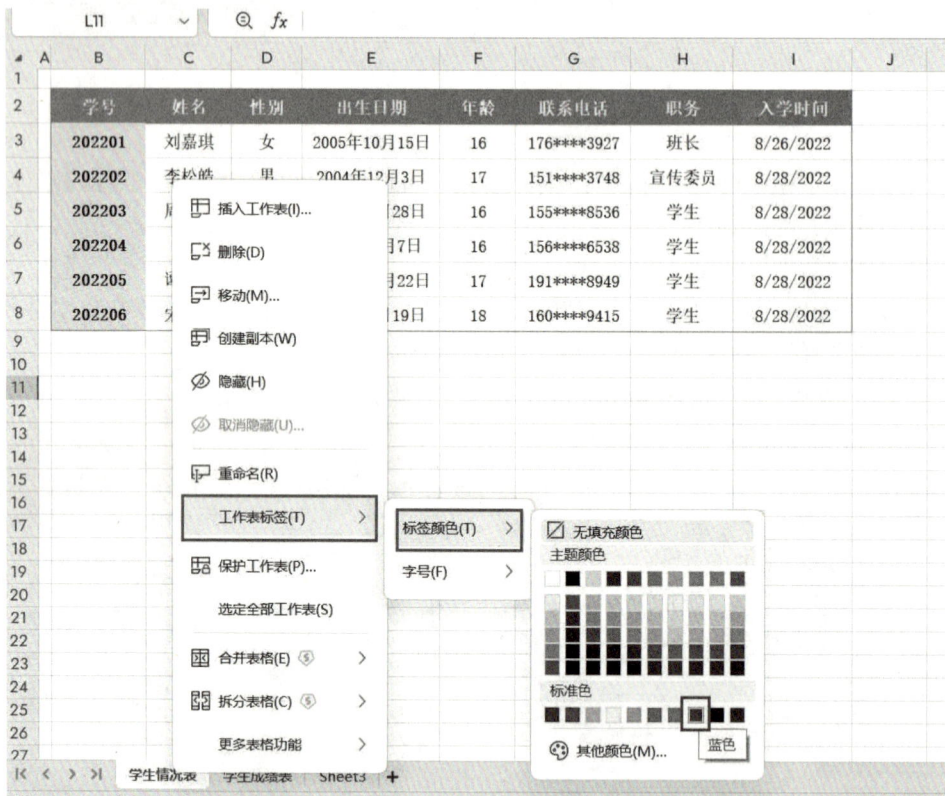

图2-51　设置工作表标签颜色

图2-52　工作表标签颜色设置效果图

自我测试

一、填空题

1.单元格名称框是用来显示_____。

2.在WPS表格中用来存储并处理数据的文件称为_____。

3.选定不连续单元格区域，结合_____键。

4.字符数据默认_____，数值数据默认_____。

5._____是组成电子表格的最小单位。

二、实作题

在素材文件"职工工资表"中完成如下操作：

（1）选中A1:J1区域合并居中。

（2）将"E3:E15区域"转换成"2001年3月7日"形式。

（3）将A2:J15区域套用表格样式，选择"表样式浅色21"，选择"仅套用表格样式"。

①选中A1:J1区域，设置字体为黑体，字号为16，加粗；

②选中A2:J2区域，设置字体为黑体，字号为14；

③选中A3:J15区域，设置字体为仿宋，字号为12；

④选中A2:J15区域，设置对齐方式为垂直居中且水平居中；

⑤选中A1:J1区域，设置图案，具体要求：图案样式选择第一行倒数第二个，图案颜色选择标准色浅绿。

（4）选中F3:J15区域设置数字格式，具体要求：选择"数值"样式，并保留2位小数，勾选"使用千位分隔符"。

（5）为"应发工资"高于4 000的单元格设置条件格式，内容为"红色文本"。

（6）为I19:J21区域设置边框，具体要求：颜色选择标准色绿色，样式选择最细的实线，边框选择外边框和内部。

任务三

WPS表格的函数应用

任务概述

本任务是使读者掌握一些常用函数的使用方法，从而能对表格数据进行快速处理，提高工作效率。

一、求和函数

本小节所讲的求和函数主要包括自动求和、跨区域求和两个内容。

1.自动求和

例：在"学生成绩表"中计算每个学生的总分。

步骤1　选中I2单元格，在"开始"选项卡中单击"求和"下拉按钮，在弹出的下拉列表中选择"求和"命令，如图2-53所示；弹出求和函数，如图2-54所示。

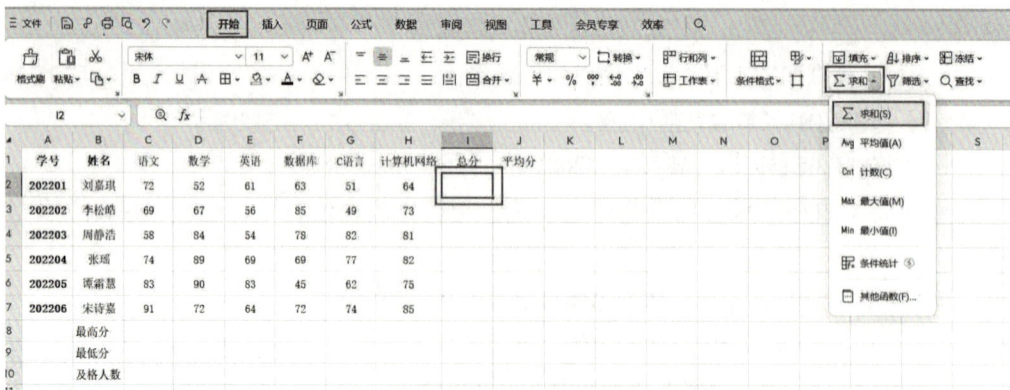

图2-53　自动求和1

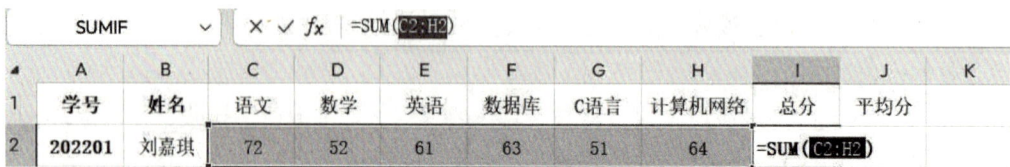

图2-54　自动求和2

步骤2　按Enter键即可得到第1位学生的总分。选中I2单元格，鼠标指针变成"+"时双击，自动填充数据即可计算每个学生的总分，如图2-55所示。

	A	B	C	D	E	F	G	H	I	J
1	学号	姓名	语文	数学	英语	数据库	C语言	计算机网络	总分	平均分
2	202201	刘嘉琪	72	52	61	63	51	64	363	
3	202202	李松皓	69	67	56	85	49	73	399	
4	202203	周静浩	58	84	54	78	82	81	437	
5	202204	张瑶	74	89	69	69	77	82	460	
6	202205	谭霜慧	83	90	83	45	62	75	438	
7	202206	宋诗嘉	91	72	64	72	74	85	458	

图2-55　求和计算总分

💡 **小提示**

● 选中要求和的单元格区域，选择"公式"选项卡中"自动求和"下拉按钮中的"求和"命令来实现快速求和。

● 当弹出的求和函数包含的区域和用户所需求的区域不一致时，用户可以修改单元格区域范围。

2.跨区域求和

函数说明：

SUM函数——返回某一单元格区域中所有数字之和。

语法：SUM（number1，number2，…）

number1，number2，…为1～255个需要求和的参数。

例：在"学生成绩表"中计算每个学生的文化总分、专业总分。

步骤1　选中I2单元格，在"公式"选项卡中单击"插入函数"按钮，在弹出的对话框的"选择函数"列表框中选择"SUM"函数，单击"确定"按钮。

步骤2　打开"函数参数"对话框，在"数值1"文本框中输入"C2"，在"数值2"文本框中输入"D2"，在"数值3"文本框中输入"E2"，单击"确定"按钮，如图2-56所示。

步骤3　得到第1位学生的文化课总分后，选中I2单元格，鼠标指针变成"+"时双击，向下自动填充数据即可计算每个学生的文化课总分。

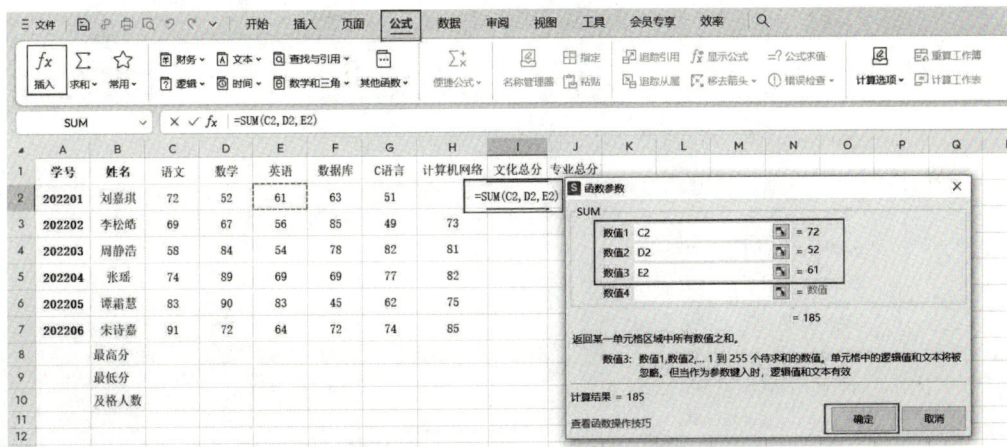

图2-56　跨区域求和计算文化总分

💡 **小提示**

选定I2单元格，在编辑框内输入=SUM(C2:E2)，即可完成快速求和，再向下进行自动填充就能得到所有同学的文化课总分。

二、统计函数

本小节讲解的统计函数主要包括AVERAGE函数、MAX函数、MIN函数和COUNT函数。

1.平均值——AVERAGE函数

函数说明：

AVERAGE函数——返回参数的平均值（算术平均值）。

语法：AVERAGE（number1，number2，…）

numberl，number2，…为需要计算平均值的1~255个参数。

例：在"学生成绩表"中计算每门课程的平均分。

步骤1　选中C8单元格，在"公式"选项卡中单击"插入函数"按钮，在"插入函数"对话框的"选择函数"列表框中选择"AVERAGE"函数，单击"确定"按钮。

步骤2　打开"函数参数"对话框，在"数值1"文本框中输入"C2:C7"，单击"确定"按钮，即可得到"语文"成绩的平均分。

步骤3　选中C8单元格，鼠标指针变成"+"时向右拖动至H8单元格即可得到每门课程的平均分，如图2-57和图2-58所示。

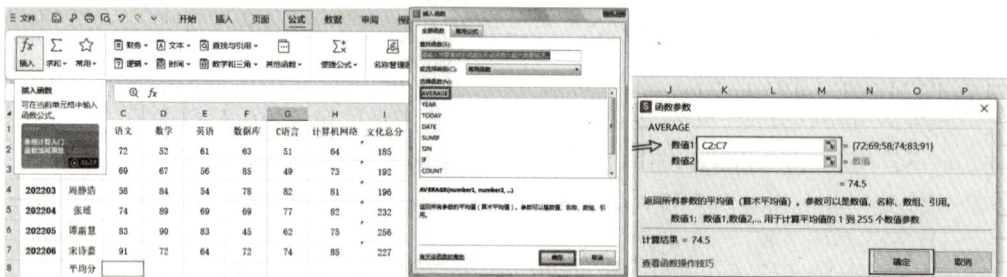

图2-57　计算每科成绩的平均分

学号	姓名	语文	数学	英语	数据库	C语言	计算机网络	文化总分
202201	刘嘉琪	72	52	61	63	51	64	185
202202	李松皓	69	67	56	85	49	73	192
202203	周静浩	58	84	54	78	82	81	196
202204	张瑶	74	89	69	69	77	82	232
202205	谭霜慧	83	90	83	45	62	75	256
202206	宋诗嘉	91	72	64	72	74	85	227
平均分		74.5	75.7	64.5	68.7	65.8	76.7	

图2-58　每科成绩的平均分计算结果

小提示

选定C8单元格，在编辑框内输入 =AVERAGE(C2:C7)，即可完成快速求平均值，再向右进行自动填充即得到所有课程成绩的平均分。

2.最大值——MAX函数

函数说明：

MAX函数——返回一组值中的最大值。

语法：MAX（number1，number2，…）

number1，number2，…是要从中找出最大值的1~255个数字参数。

例：在"学生成绩表"中计算每门课程的最高分。

步骤1　选中C9单元格，在"公式"选项卡中单击"插入函数"按钮，在弹出的对话框的"选择函数"列表框中选择"MAX"函数，单击"确定"按钮。

步骤2　打开"函数参数"对话框，在"数值1"文本框中输入"C2:C7"，单击"确定"按钮，即可得到"语文"成绩的最高分。

步骤3　选中C9单元格，鼠标指针变成"+"时向右拖动至H9单元格即可得到每门课程的最高分。

💡 **小提示**

> 选定C9单元格，在编辑框内输入=MAX(C2:C7)，即可完成快速求最大值，再向右进行自动填充即得到所有课程成绩的最高分。

3.最小值——MIN函数

函数说明：

MIN函数——返回一组值中的最小值。

语法：MIN（numberl，number2，…）

number1，number2，…是要从中找出最小值的1～255个数字参数。

例：在"学生成绩表"中计算每门课程的最低分。

步骤1　选中C10单元格，在"公式"选项卡中单击"插入函数"按钮，在弹出的对话框的"选择函数"列表框中选择"MIN"函数，单击"确定"按钮。

步骤2　打开"函数参数"对话框，在"数值1"文本框中输入"C2:C7"，单击"确定"按钮，即可得到"语文"成绩的最低分。

步骤3　选中C10单元格，鼠标指针变成"+"时向右拖动至H10单元格即可得到每门课程的最低分。

💡 **小提示**

> 选定C10单元格，在编辑框内输入 =MIN(C2:C7),即可完成快速求最小值，再向右进行自动填充即得到所有课程成绩的最低分。

4.计数——COUNT函数

函数说明：

COUNT函数——返回包含数字以及包含参数列表中的数字的单元格的个数。

利用函数COUNT可以计算单元格区域或数字数组中数字字段的输入项个数。

语法：COUNT（value1，value2，…）

value1，value2，…为包含或引用各种类型数据的参数（1～255个），但只有数字类型的数据才被计算。

例：在"学生成绩表"中计算数字区域的单元格个数。

步骤1　选中C11单元格，在"公式"选项卡中单击"插入函数"按钮，在弹出的对话框的"选择函数"列表框中选择"COUNT"函数，单击"确定"按钮。

步骤2　打开“函数参数”对话框，在“数值1”文本框中输入“C2:I10”，单击“确定”按钮，即可计算出单元格区域中的数值个数，如图2-59所示。

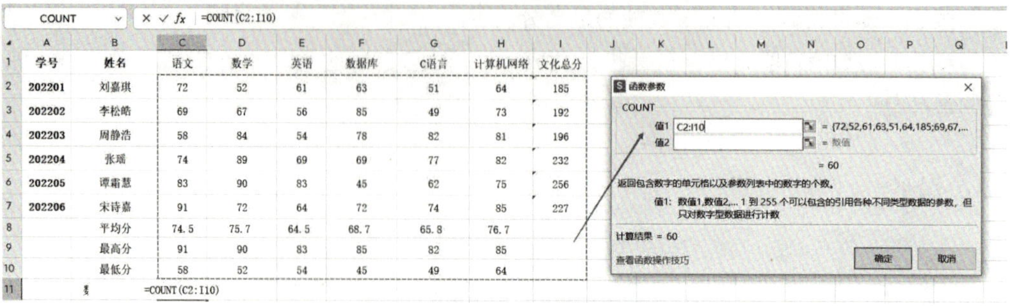

学号	姓名	语文	数学	英语	数据库	C语言	计算机网络	文化总分
202201	刘嘉琪	72	52	61	63	51	64	185
202202	李松皓	69	67	56	85	49	73	192
202203	周静浩	58	84	54	78	82	81	196
202204	张瑞	74	89	69	69	77	82	232
202205	谭霜慧	83	90	83	45	62	75	256
202206	宋诗嘉	91	72	64	72	74	85	227
	平均分	74.5	75.7	64.5	68.7	65.8	76.7	
	最高分	91	90	83	85	82	85	
	最低分	58	52	54	45	49	64	
		=COUNT(C2:I10)						

图2-59　统计数值单元格个数

C2:I10单元格区域的单元格个数为63，其中数值单元格个数为60。

小提示

选定C11单元格，在编辑框内输入 =COUNT(C2:I10)，即可快速统计出数值单元格个数。

三、日期函数

本小节所讲的日期函数主要包括DATE函数、TODAY函数和YEAR函数。

1.显示特定日期——DATE函数

函数说明：

DATE函数——返回代表特定日期的序列号。如果在输入函数前，单元格格式为“常规”，则结果将设为日期格式。

语法：DATE（year，month，day）

year可以为1～4位数字。

month代表每年中月份的数字。如果所输入的月份大于12，将从指定年份的一月份开始往上加算。

day代表在该月份中第几天的数字。如果day大于该月份的最大天数，则将从指定月份的第一天开始往上累加。

例：在“学生情况表”中将I3单元格日期转换为DATE函数日期形式。

步骤　单击I3单元格，在“公式”选项卡中单击“日期和时间”下拉按钮，在弹出的下拉列表中选择“DATE”函数，打开“函数参数”对话框，在“年”文本框中输入“2022”，在“月”文本框中输入“8”，在“日”文本框中输入“28”，单击“确定”按钮，即可将时间转换为DATE函数日期形式，如图2-60所示。

说明：I3单元格设置date函数，I4单元格未设置date函数。

2.显示当前电脑日期——TODAY函数

函数说明：

图2-60　设置date函数的效果对比

TODAY函数——返回当前日期的序列号。序列号是WPS表格日期和时间计算使用的日期-时间代码。如果在输入函数前，单元格的格式为"常规"，则结果将设为日期格式。

语法：TODAY( )

例：在单元格中显示当前电脑日期。

步骤　选中任一单元格，在"公式"选项卡中单击"日期和时间"下拉按钮，在弹出的对话框中选择"TODAY"函数，在打开的"函数参数"对话框中单击"确定"按钮，即可在单元格中显示当前电脑日期，如图2-61所示。

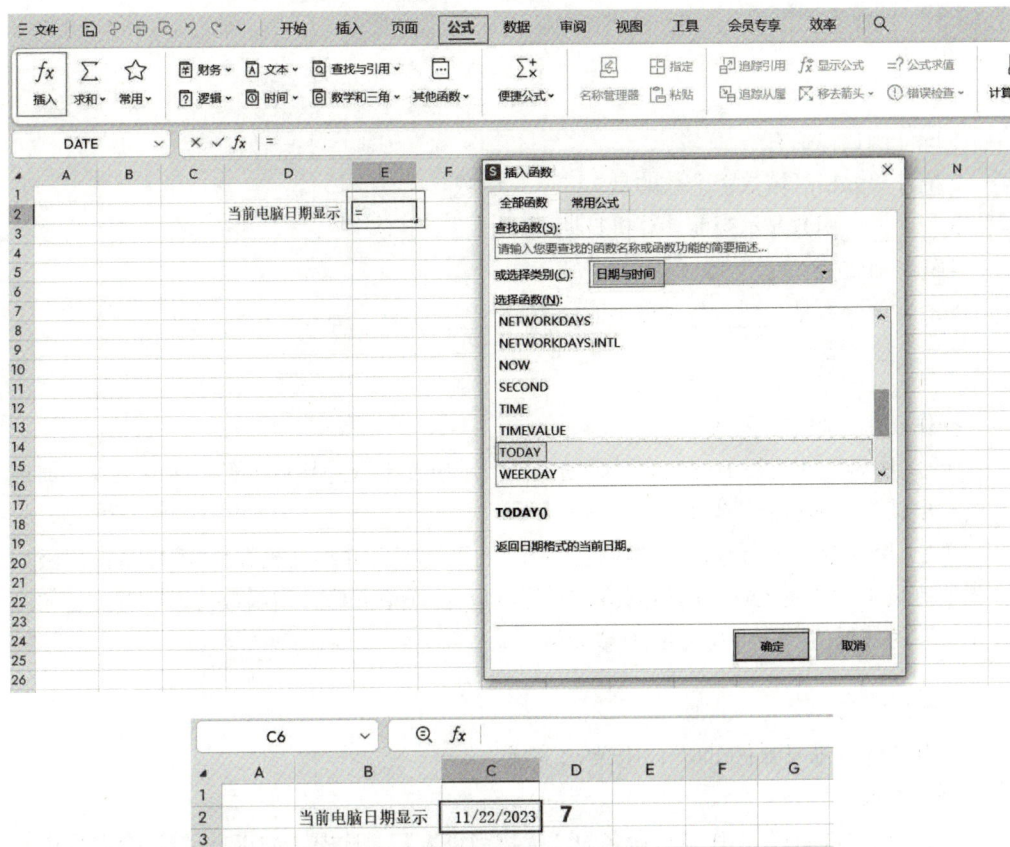

图2-61　当前电脑日期显示

3.显示特定日期的年份——YEAR函数

函数说明：

YEAR函数——返回某日期对应的年份。返回值为1900～9999的整数。

语法：YEAR(serial_number)

serial_number表示一个日期值，其中包含要查找的年份。

例：在单元格中显示2023年11月23日所属的年份。

步骤　在B3单元格中输入"2023年11月23日"，单击C3单元格，在"公式"选项卡中单击"日期和时间"下拉按钮，在弹出的下拉列表中选择"YEAR"函数，打开"函数参数"对话框，在"日期序号"文本框中输入"C2"，单击"确定"按钮，即可在C4单元格中显示2023年11月23日所属的年份，如图2-62所示。

图2-62　year函数显示年份

自我测试

一、填空题

1.统计函数包括有_____、_____、_____、_____。

2.统计单元格区域数字个数的是_____函数。

3._____函数显示当前计算机日期。

4.SUM函数是_____。

5.最大值函数是_____，最小值函数是_____。

二、实作题

操作要求（职工工资表）：

（1）用函数计算每个员工的"应发工资"（应发工资是基本工资、岗位工资、加班工资、出勤奖金加总的结果）。

（2）用函数计算所有员工"应发工资"的平均值，并将其放在J19单元格；用函数计算所有员工"应发工资"的最高值，并将其放在J20单元格；用函数计算所有员工"应发工资"的最低值，并将其放在J21单元格。

三、综合练习

打开"综合练习素材.xlsx"，按要求完成。

操作要求：

（1）将"sheet1"工作表重命名为"货物销售表"；选中"A1:K1区域"合并居中，选中"A2:A3区域"合并单元格，选中"B2:D2区域"合并居中，选中"E2:G2区域"合并居中，选中"H2:J2区域"合并居中，选中"K2:K3区域"合并单元格。

（2）将"A4:A15区域"进行填充，内容为"1月–12月"，将"B4:B15区域"进行填充，内容为"150–161"；在"C4:C15区域"输入等差数列，最初数据为20，步长值为3，终止值为53；使用向下填充功能，将"E4:E9区域"填充内容"230"，"E10:E15区域"填充内容"250"。

（3）在"F4:F15区域"输入等比数列，最初数据为8，步长值为2，终止值为128，然后重复填充终止值；将"H8:H15区域"按照"H4:H7区域"的数值进行复制；将"I5:I15区域"按照I4单元格的数值70进行重复填充。

（4）货物甲、货物乙、货物丙的金额=单价*数量，根据公式分别计算"D4:D15区域""G4:G15区域""J4:J15区域"；分别对货物甲、货物乙、货物丙的数量和金额用函数进行求和，并把结果填写在第16行所对应的位置；分别对货物甲、货物乙、货物丙的单价用函数进行求平均值，并把结果填写在第16行所对应的位置；对月销售额用函数进行求和，并把结果填写在"K4:K16区域"。

（5）将"A1:K16区域"套用表格样式，选择"表样式浅色14"。

（6）分别对货物甲、货物乙、货物丙的单价和金额列的数据设置数字格式，具体要求是："货币样式￥"并保留2位小数；对月销售额所在的列的数据设置数字格式，具体要求是："货币样式￥"并保留2位小数。

（7）选中"A1:K16区域"设置"字体"为"华文仿宋"，"字号"为"16"，"字形"为"粗体"，设置"行高"为"25磅"，"列宽"为"18字符"，选中"A2:K16区域"设置"对齐方式"为"垂直居中""水平居中"。

（8）将"货物销售表"工作表标签改为红色。

任务四

WPS表格的图表制作

任务概述

本任务是让读者了解图表的组成，掌握柱形图、条形图、折线图、饼图的制作及其美化。

制作思路

（1）图表的组成；
（2）插入图形；
（3）美化图形。

☁ **制作步骤**

一、图表的组成

WPS表格中内置了9种类型的图表，通过图表的应用，可以增强数据的可视化效果，更直观地表现数据的变化趋势。虽然图表的种类很多，但每一种图表的组成元素大多数是相同的。一般而言，默认的组成元素包括图表区、绘图区、数据系列、图表标题、坐标轴、数据标签、图例和网格线等，如图2-63所示。

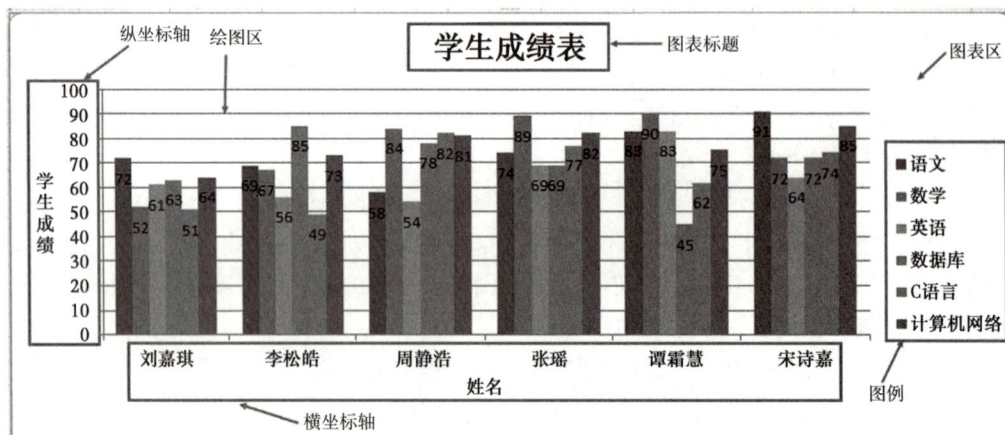

图2-63　图表的组成

- 图表区：图表中大面积的白色区域，是其他图表组成元素的容器。
- 绘图区：图表区的一部分，能显示图形的矩形区域。
- 数据系列：数据系列对应一行或者一列数据，由图表中相关数据点构成。
- 图表标题：用来说明图表的主要内容。
- 坐标轴：通常由纵坐标轴和横坐标轴构成。
- 数据标签：用来表示数据系列的实际数值。
- 图例：由文字和标识组成，对各系列值进行注释。
- 网格线：贯穿绘图区的线条。

二、插入图形和调整图表

图形的操作包括插入柱形图、插入条形图、插入折线图、插入饼图、移动图表位置、调整图表大小、更改图表类型等。

1.插入柱形图

柱形图是WPS表格常见的图表样式之一，它可以直观地对比数据差异。

例：在"学生成绩表"工作表中插入柱形图。

步骤　选中B1:D7区域，单击"插入"选项卡中的"全部图表"按钮，在弹出的"插入图表"对话框中选择"柱形图"中的"簇状柱形图"，单击"插入"按钮，即可在"学生成绩表"中插入柱形图，如图2-64所示。

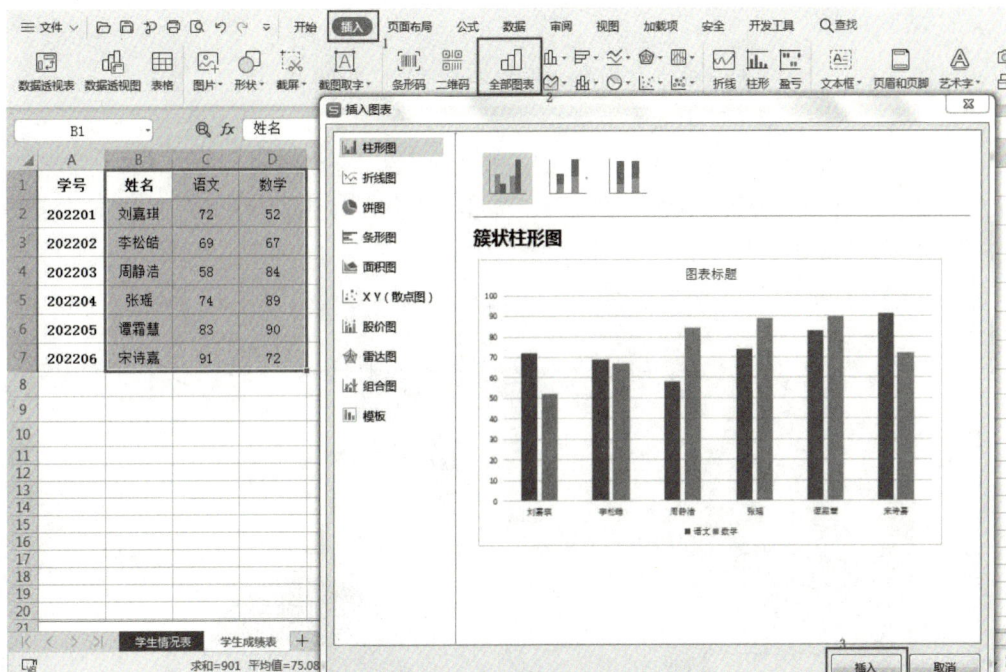

图2-64　簇状柱形图

2.插入折线图

折线图是WPS表格中常见的图表样式之一，它可以直观地反映数据变化趋势。

例：在"学生成绩表"中插入折线图。

步骤　选中B1:D7区域，单击"插入"选项卡中的"全部图表"按钮，在"插入图表"对话框中选择"折线图"中的"折线图"，单击"插入"按钮，即可在"学生成绩表"中插入折线图，如图2-65所示。

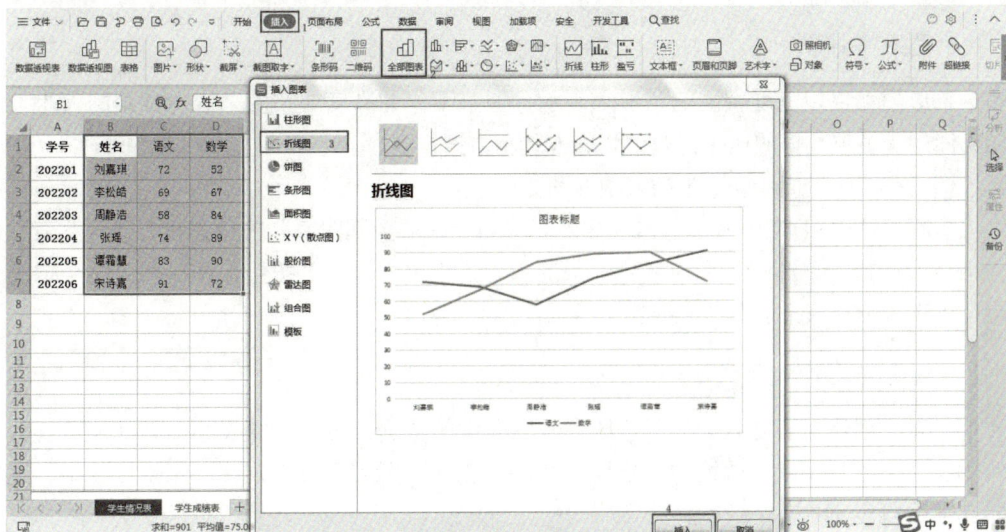

图2-65　折线图

3.插入饼图

饼图显示了一个数据系列中各项的大小与各项总和的比例。

例：在"学生成绩表"中插入饼图。

步骤 选中B1:D7区域，单击"插入"选项卡中的"全部图表"按钮，在"插入图表"对话框中选择"饼图"中的"饼图"，单击"插入"按钮，即可在"学生成绩表"中插入饼图，如图2-66所示。

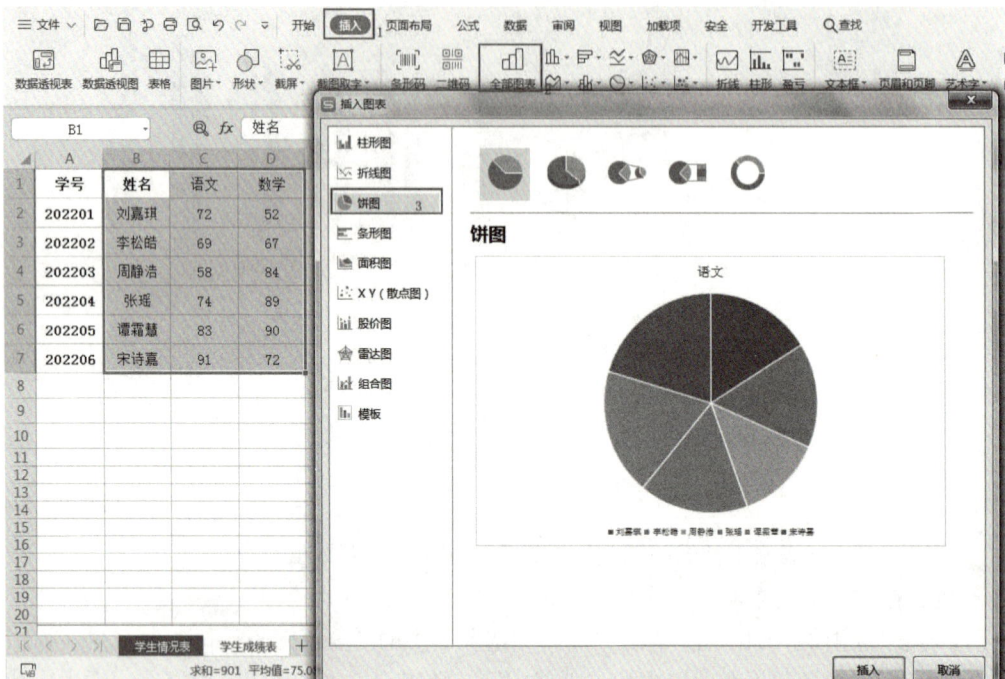

图2-66 饼图

4.插入条形图

条形图可以用宽度相同的条形来表示，通过不同的高度或长度来表示数据的大小。条形图用于各项数据的比较，可以更好地展示数据排名。

例：在"学生成绩表"中插入条形图。

步骤 选中B1:D7区域，单击"插入"选项卡中"全部图表"按钮，在"插入图表"对话框中选择"条形图"中的"簇状条形图"，单击"插入"按钮，即可在"学生成绩表"工作表中插入条形图，如图2-67所示。

5.移动图表位置

用户在创建图表之后，为了方便查看图表中的数据，可以将图表移动到其他位置；有时也会为了强调图表数据的重要性，需要将创建的图表单独存放在一张工作表中，这时都会用到移动图表功能。

例：将前面创建的簇状条形图移动到一个新的工作表中，工作表名称为"移动图表—簇状条形图"。

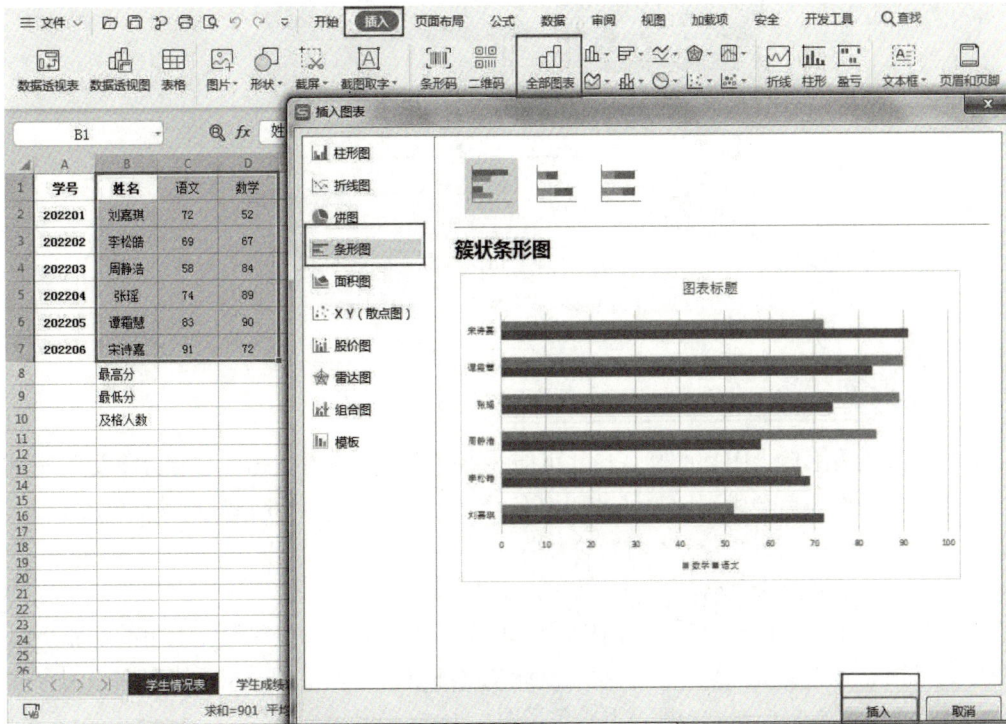

图2-67　簇状条形图

步骤　选中前面已经创建好的簇状条形图，单击"图表工具"选项卡中的"移动图表"按钮，在弹出的"移动图表"对话框中勾选"新工作表"单选按钮，在其右侧的文本框中输入"移动图表—簇状条形图"信息，单击"确定"按钮，完成后，即将簇状条形图移动到一个新的工作表中，工作表名称为"移动图表—簇状条形图"，如图2-68和图2-69所示。

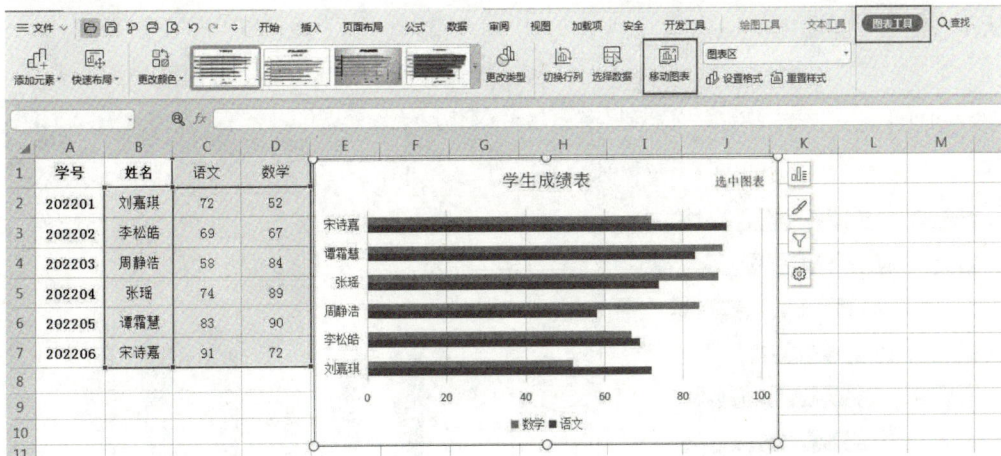

图2-68　单击"移动图表"按钮

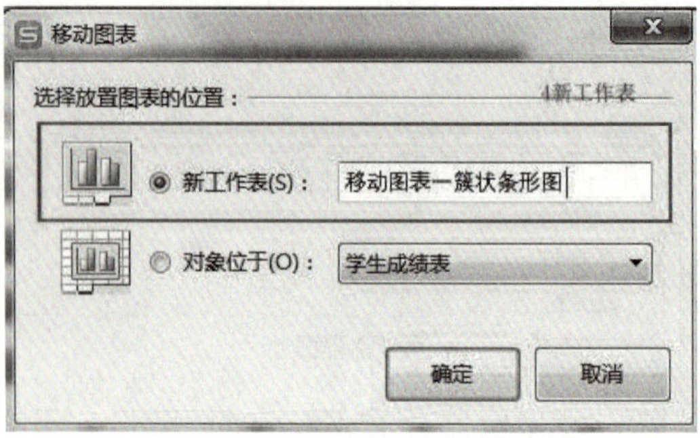

图2-69　输入工作表名称

6.调整图表大小

创建好图表之后，图表的默认尺寸可能并不适合用户查看数据，这时会需要调整图表大小。选中图表后会发现图表区的四周有6个空心小圆点，使用鼠标拖动这6个空心小圆点中的任意一个，都可以调整图表的大小。

例：调整条形图的大小。

步骤　选中前面已经创建好的条形图，将鼠标指针放在图表区域左上角的空心小圆点上，此时指针将变成双向箭头。按住鼠标左键不放，拖动鼠标，将折线图调整到合适的尺寸之后，释放鼠标左键，即可调整条形图大小。

7.更改图表类型

创建好图表之后如果发现图表类型不合适，可以更改图表类型。

例：更改条形图的图表类型。

步骤　选中前面调整好大小的簇状条形图，单击"图表工具"选项卡中的"更改类型"按钮，在弹出的"更改图表类型"对话框中重新选择"柱形图"中的"簇状柱形图"，单击"插入"按钮，即将条形图的图表类型更改为"簇状柱形图"，如图2-70所示。

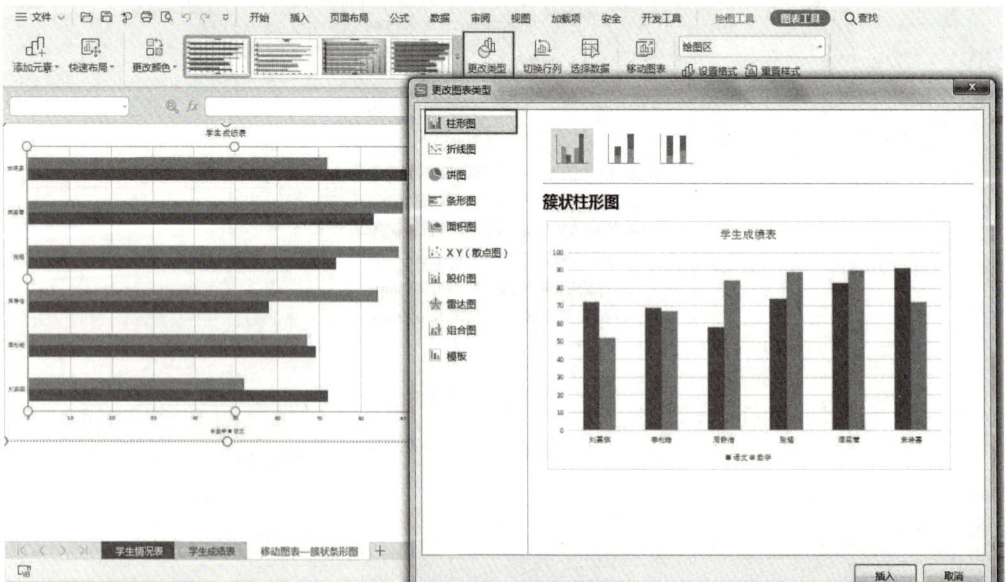

图2-70　更改图表类型

三、美化图形

美化图形主要包括添加数据标签、添加趋势线、快速布局、更改颜色、更改图表样式、设置图表区域格式等操作。本小节以柱形图为例讲解美化图形的操作。

1.添加数据标签

为了使所创建的图形更加清晰明了，可以添加并设置数据标签。

例：为柱形图添加数据标签。

步骤　选中柱形图，单击"图表工具"选项卡中的"添加元素"下拉按钮，在弹出的下拉菜单中选择"数据标签"命令，在弹出的子菜单中选择数据标签的位置，这里选择"数据标签内"命令，这样就为柱形图添加了数据标签，如图2-71和图2-72所示。

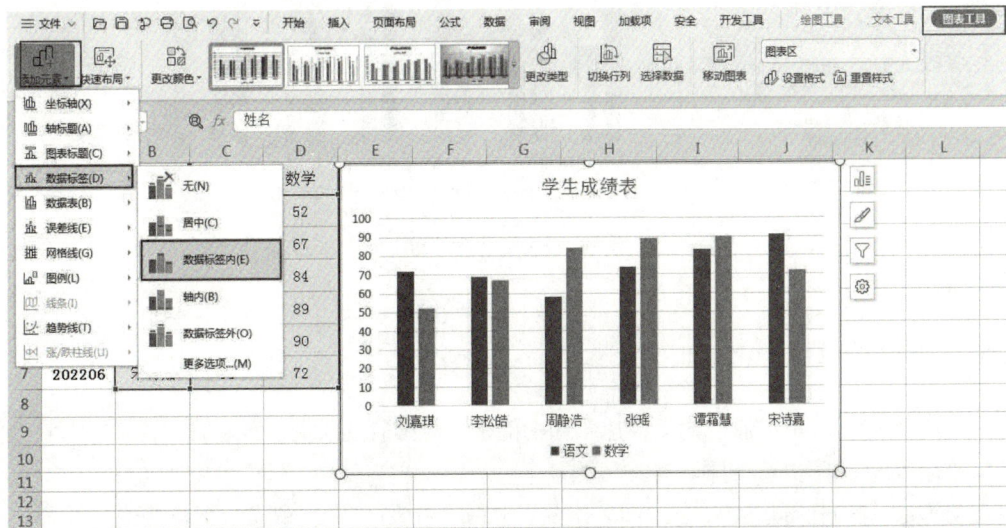

图2-71　添加数据标签

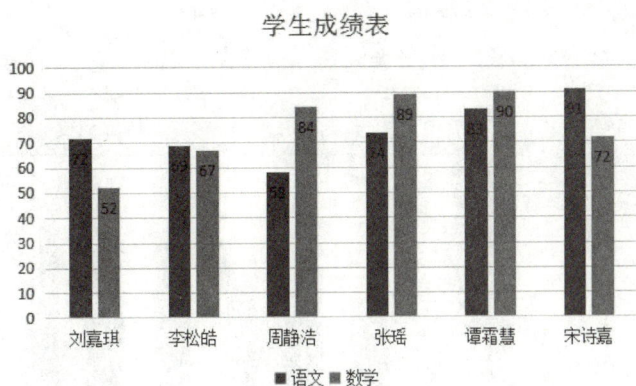

图2-72　添加数据标签后的效果图

2.添加趋势线

为数据系列添加趋势线的目的是更加便捷地对系列中的数据变化趋势进行分析与预测。

例：为柱形图添加趋势线。

步骤　选中柱形图，单击"图表工具"选项卡中的"添加元素"下拉按钮，在弹出的下拉菜单中选择"趋势线"命令，在弹出的子菜单中选择任一种趋势线类型，即可为柱形图添加趋势线，如图2-73所示。

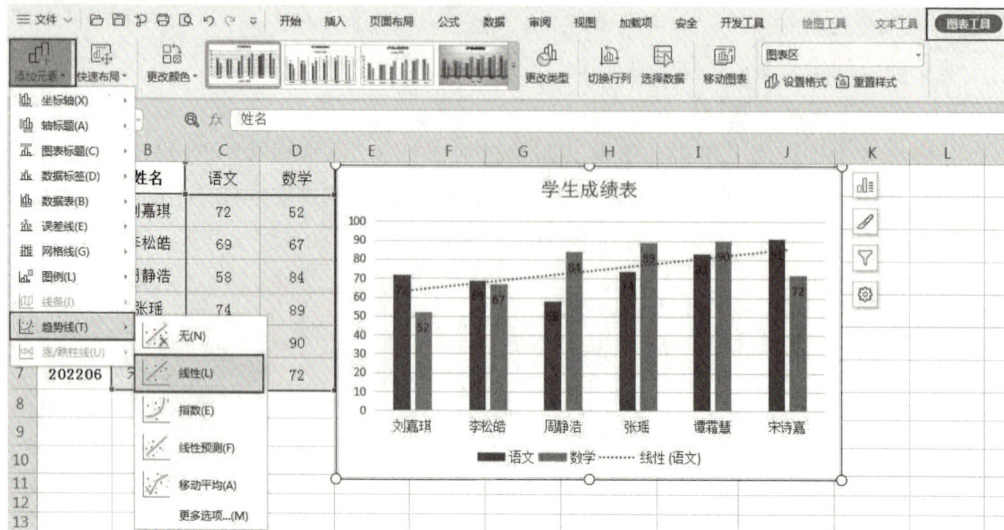

图2-73　添加趋势线

3.快速布局

创建图形后，可以通过使用快速布局功能来更改图表的布局。

例：为柱形图快速布局。

步骤　选中柱形图，单击"图表工具"选项卡中的"快速布局"下拉按钮，在弹出的下拉菜单中任选一种布局模式，即可为柱形图快速布局，如图2-74所示。

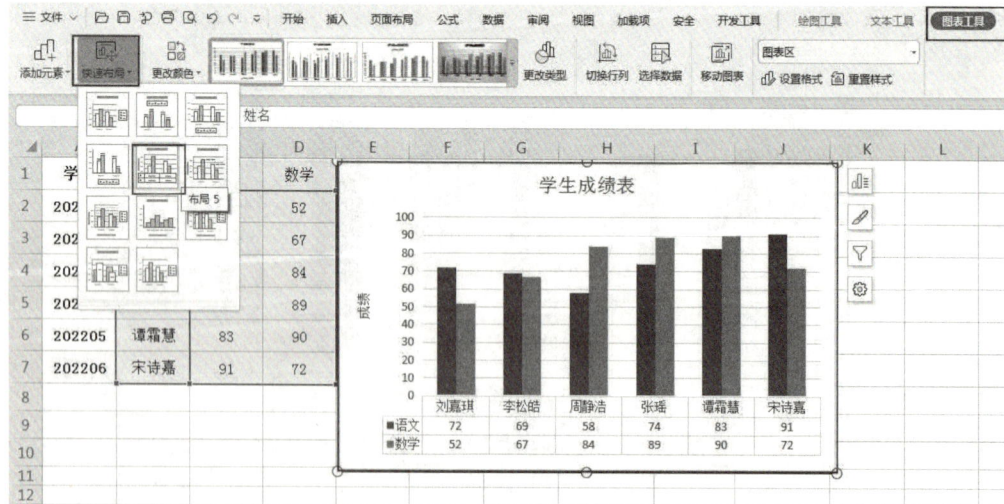

图2-74　快速布局

4.更改颜色

创建图形后，可以通过更改图形的颜色来美化图形。

例：更改柱形图的颜色。

步骤　选中柱形图，单击"图表工具"选项卡中的"更改颜色"下拉按钮，在弹出的下拉菜单中任选一种颜色，即可为柱形图更改颜色，如图2-75所示。

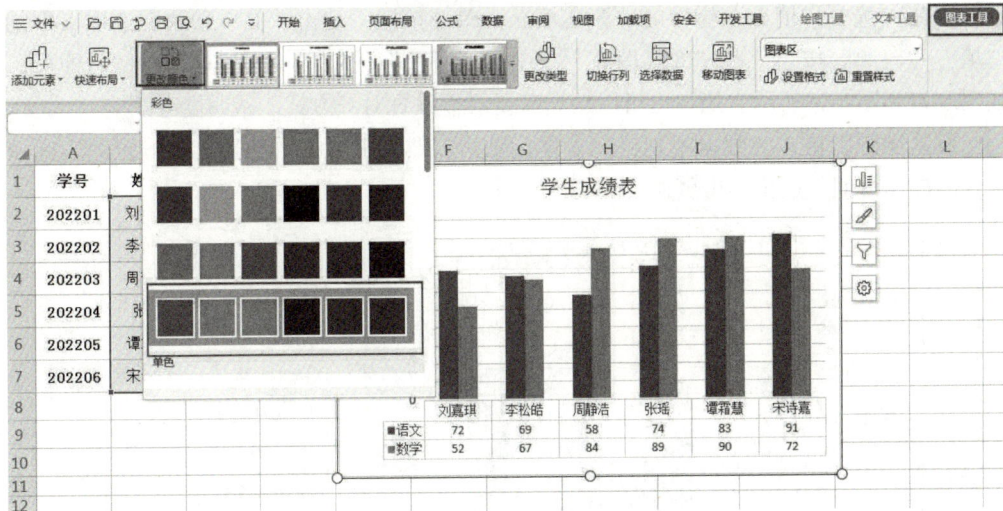

图2-75　更改颜色

5.更改图表样式

WPS表格中内置了多种图表样式，用户可以通过更改图表样式来美化图表。

例：为柱形图更改图表样式。

步骤　选中柱形图，单击"图表工具"选项卡中的"样式"库下拉扩展按钮，在弹出的"图表样式"下拉面板中任选一种图表样式，即可为柱形图更改图表样式，如图2-76所示。

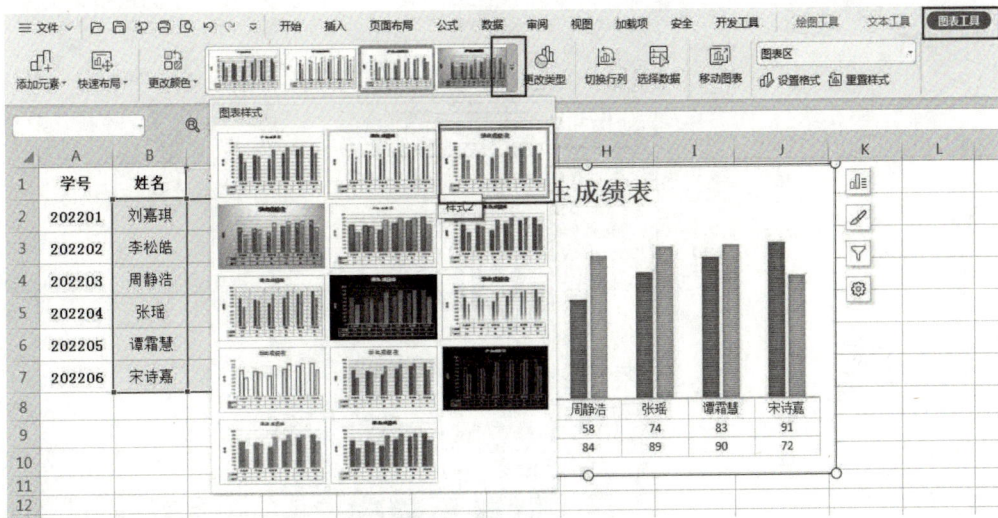

图2-76　更改图表样式

6.设置图表区域格式

为了更好地区分图表各个部分的内容，用户可以设置图表区域格式。

例：为柱形图设置区域格式。

步骤　选中柱形图的图表区，右击，在弹出的右键菜单中选择"设置图表区域格式"命令，然后在右侧的"属性"任务窗格中单击"图表选项"选项卡中的"填充与线条"按钮，选中"填充"栏中的"渐变填充"单选按钮，单击"文本选项"选项卡中的"填充与轮廓"按钮，在"文本填充"栏中的"颜色"下拉面板中任选一种颜色即可，如图2-77和图2-78所示。用户也可以根据需要自行设置对齐方式、透明度等。

设置绘图区格式、数据系列格式、坐标轴格式、网格线格式的操作和设置图表区域格式的操作类似，这里不再赘述。

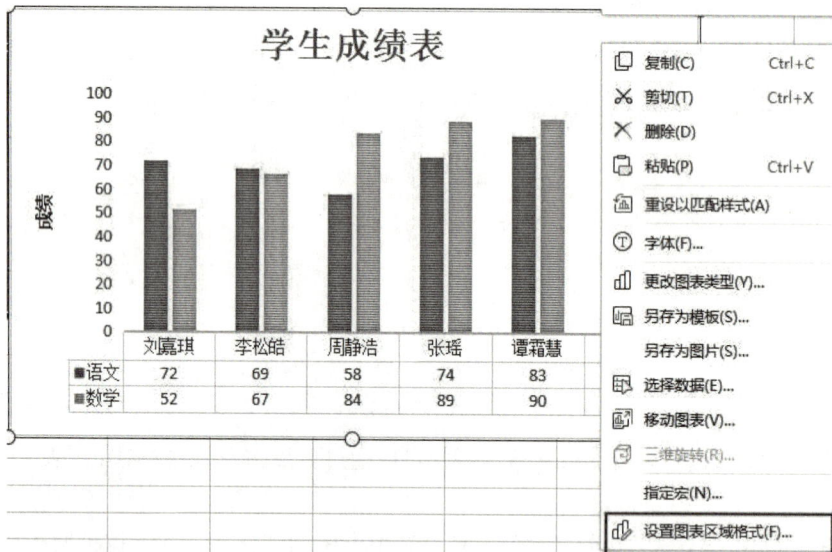

图2-77　选择"设置图表区域格式"

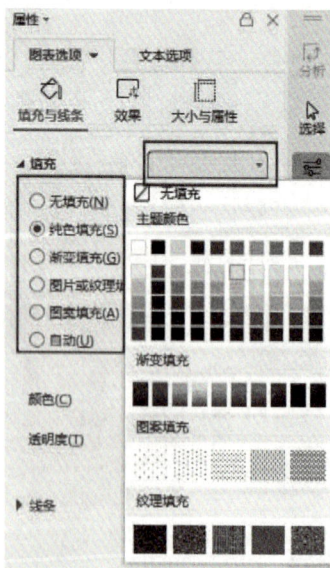

图2-78　设置图表区域格式

WPS表格的审阅与安全

任务概述

本任务是使读者掌握设置长数字阅读、阅读模式、护眼模式的方法，以及文件加密、保护工作簿、保护工作表和共享工作簿的基本操作。

制作思路

（1）WPS表格的审阅；
（2）WPS表格的安全。

制作步骤

一、WPS表格的审阅

WPS表格的审阅主要包括设置长数字阅读、阅读模式、护眼模式等操作。

1.设置长数字阅读

设置长数字阅读的目的是将数字的分隔符用中文显示出来，便于用户一眼看出多位数字的单位，对于财务人员尤其适合。

例：对数字设置长数字阅读。

步骤　在任一单元格中输入一串长数字，右击状态栏，在弹出的右键菜单中勾选"带中文单位分隔"命令，即可对数据设置长数字阅读，如图2-79所示。

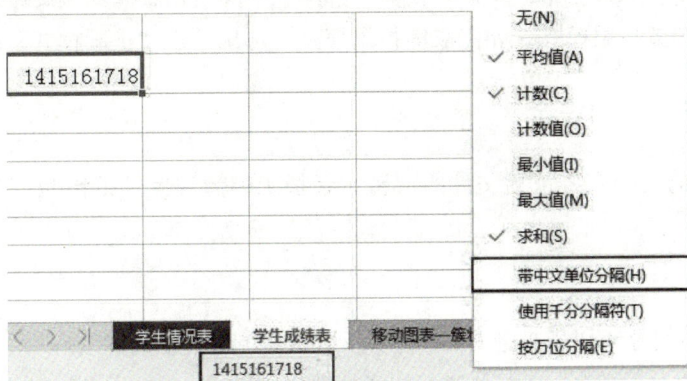

图2-79　设置长数字阅读

2.设置阅读模式

WPS表格的阅读模式可以方便用户查看与某个单元格处于同一行和同一列的数据，有效防止数据阅读串行，方便数据查阅和展示。

例：在"学生成绩表"中设置阅读模式。

步骤　单击任一单元格如B4单元格，单击"视图"选项卡中的"阅读模式"下拉按钮，在弹出的下拉菜单中任选一种颜色，此时B4单元格所处的第4行 B 列就被所选的颜色所填充，如图2-80所示。这样"学生成绩表"中就设置阅读模式，如需取消阅读模式，再次单击"阅读模式"按钮即可。

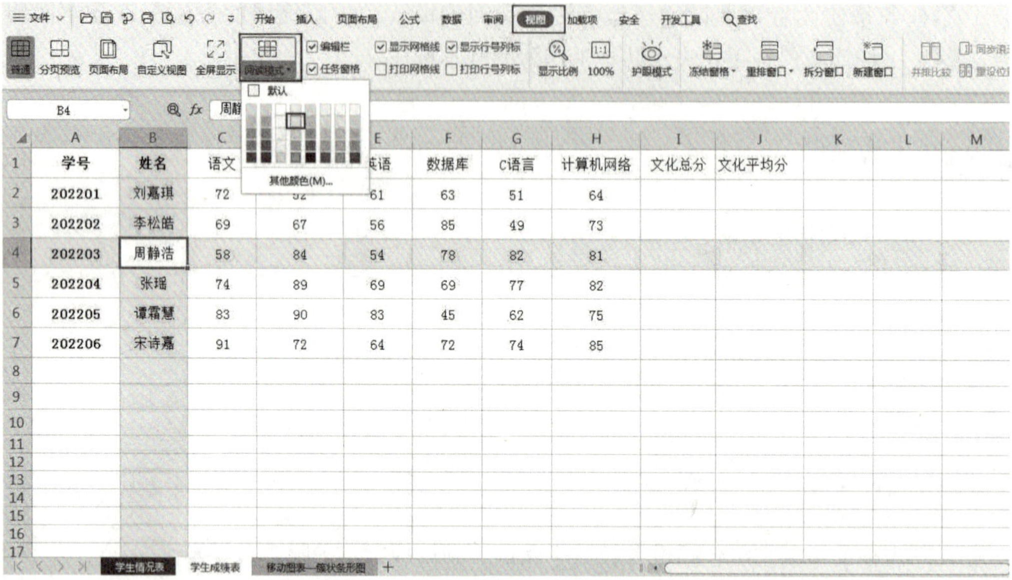

图2-80　设置阅读模式

3.设置护眼模式

在工作中长时间地进行复杂的数据处理、查找、阅读，会让人的眼睛感觉疲劳，护眼模式可以使眼睛不易疲惫。

例：在"学生成绩表"中设置护眼模式。

步骤　单击任一单元格，单击"视图"选项卡中的"护眼模式"按钮，即可在"学生成绩表"中设置护眼模式。如需取消护眼模式，再次单击"护眼模式"按钮即可。

二、WPS表格的安全

WPS表格的安全主要包括文件的加密、保护工作簿、保护工作表、共享工作簿等操作。

1.文件的加密

文件加密的功能可以通过密码保护原始文件或限制进一步的修改。

例：对"学生管理表"工作簿进行加密处理。

步骤　打开"学生管理表"工作簿，单击"文件"按钮，选择"另存为"命令，

单击"加密"按钮，在弹出的"密码加密"对话框的"打开文件密码"文本框中输入
"ABC"，在"再次输入密码"文本框中输入"ABC"；在"编辑权限"栏中的"修改
文件密码"文本框中输入"ABC"，在"再次输入密码"文本框中输入"ABC"，单击
"应用"按钮，单击"保存"按钮，即可对"学生管理表"工作簿文件设置加密，密码
为"ABC"，如图2-81至图2-83所示。

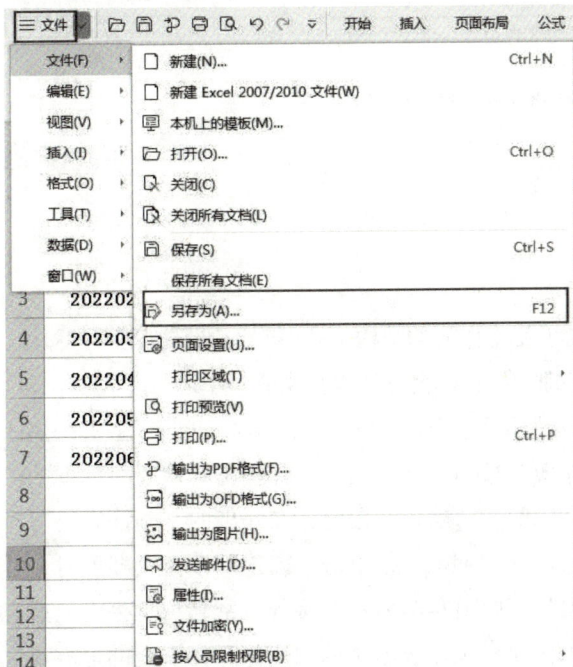

图2-81　选择"另存为"

图2-82　单击"加密"

图2-83　输入密码"ABC"

2.保护工作簿

保护工作簿是为了使工作簿的结构不被更改，如不被删除、移动、添加工作表等。

例：对"学生管理表"工作簿设置保护密码"ABC"。

步骤　打开"学生管理表"工作簿，单击"审阅"选项卡中的"保护工作簿"按钮，单击"保护工作簿"按钮，在弹出的"保护工作簿"对话框的"密码（可选）"文本框中输入"ABC"，单击"确定"按钮；在弹出的"确认密码"对话框的"重新输入密码"文本框中再次输入"ABC"，单击"确定"按钮，即可对"学生管理表"工作簿设置保护密码"ABC"，如图2-84所示。警告：密码一旦丢失或遗忘，则无法恢复，建议将密码及其相应工作簿和工作表名称的列表保存在安全的地方（注意：密码区分大小写）。

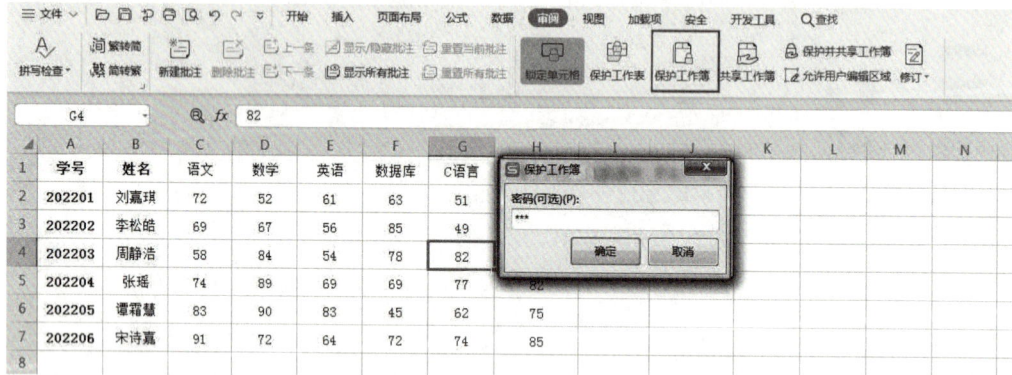

图2-84　保护工作簿

3.保护工作表

保护工作表可以通过密码对锁定的单元格进行保护，以防止工作表中的数据被更改。

例：对"学生管理表"工作簿的"学生成绩表"设置保护密码"ABC"。

步骤　打开"学生管理表"工作簿的"学生成绩表"，单击"审阅"选项卡中的"保护工作表"按钮，在弹出的"保护工作表"对话框的"密码（可选）"文本框中输入"ABC"，在"允许此工作表的所有用户进行"列表框中按照需要勾选权限项，单击

"确定"按钮，在弹出的"确认密码"对话框的"重新输入密码"文本框中再次输入"ABC"，单击"确定"按钮，即可对"学生成绩表"工作表设置保护密码"ABC"，如图2-85所示。

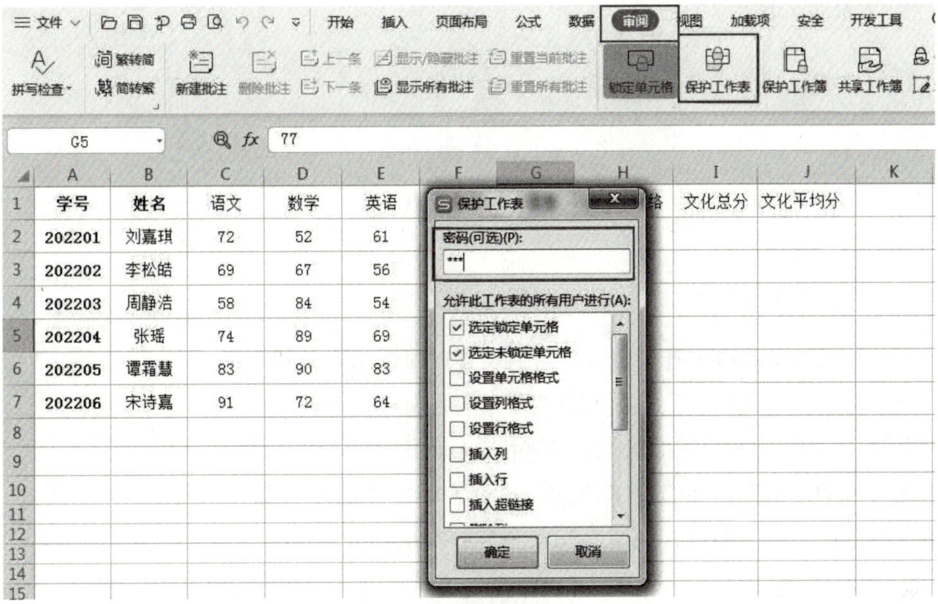

图2-85　保护工作表

4.共享工作簿

WPS 表格的共享工作簿功能允许多人同时编辑一个工作簿。共享的工作簿需要保存在允许多人打开此工作簿的网络位置。

例：共享"学生管理表"工作簿。

步骤　打开"学生管理表"工作簿，单击"审阅"选项卡中的"共享工作簿"按钮，在弹出的"共享工作簿"对话框中勾选"允许多用户同时编辑，同时允许工作簿合并"复选框，单击"确定"按钮，即可对"学生管理表"工作簿进行共享。

任务六

WPS表格的打印

任务概述

本任务是使读者掌握WPS表格的打印操作。

📡 制作思路

（1）设置打印页面；
（2）打印工作表。

☁ 制作步骤

一、设置打印页面

1.设置页面

用户可以对页面格式进行设置，包括设置页面纸张方向和纸张大小。

例：对"学生成绩表"设置页面纸张方向为横向，纸张大小为B5。

步骤　打开"学生成绩表"，单击"页面布局"选项卡中的"纸张方向"下拉按钮，在弹出的下拉菜单中选择"纵向"命令，单击"纸张大小"下拉按钮，在弹出的下拉菜单中选择"B5"即可，如图2-86和图2-87所示。

2.设置页边距

页边距是指工作表内容与页面边缘之间的距离。打印时，为了让工作表符合预期排版，常需要设置工作表的页边距。

例：对"学生成绩表"设置页边距。

步骤　打开"学生成绩表"，单击"页面布局"选项卡中的"页边距"下拉按钮，在弹出的下拉菜单中选择需要的页边距样式或自定义页边距，这样就可以对"学生成绩表"设置页边距，如图2-88所示。

图2-86　设置纸张方向

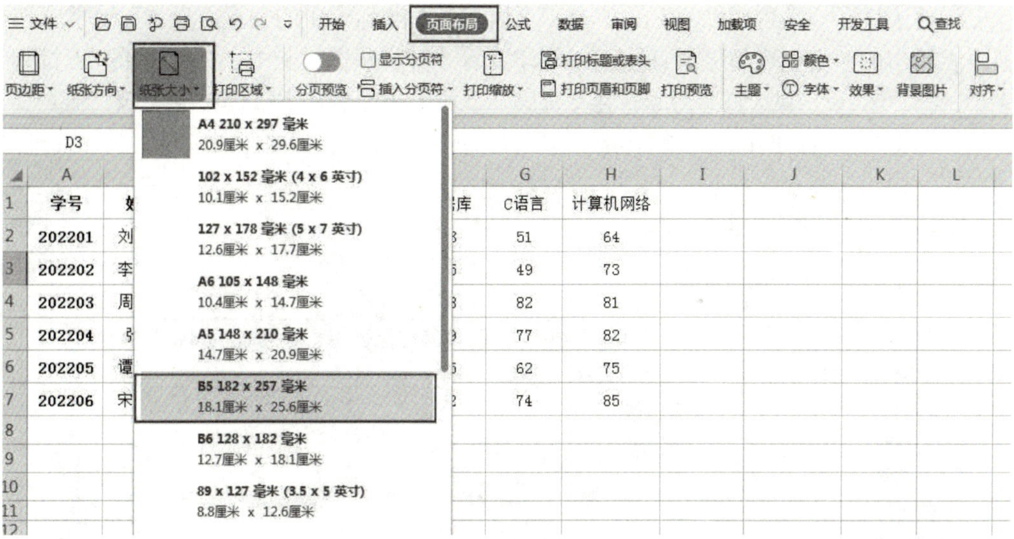

图2-87　设置纸张大小

图2-88　设置页边距

3.设置页眉、页脚

WPS表格中可以设置页眉、页脚。页眉是WPS表格中每个页面的顶部区域，常用于显示表格的附加信息，可以插入页码、时间、图形、表格标题、文件名、工作表名等。页脚是表格中每个页面的底部区域，常用于显示表格的附加信息，可以在页脚中插入文本或图形，这些信息通常打印在表格中每页的底部。

例：对"学生成绩表"设置页眉、页脚。

步骤　打开"学生成绩表"，单击"页面布局"选项卡中的"页面设置"对话框按钮，在弹出的"页面设置"对话框的"打印页眉／页脚"选项卡中，在"页眉"下拉列表中选择"第1页，共?页"命令，在"页脚"下拉列表中选择"第1页，共?页"命令，单击"确定"按钮，即可对"学生成绩表"设置页眉、页脚，如图2-89所示。

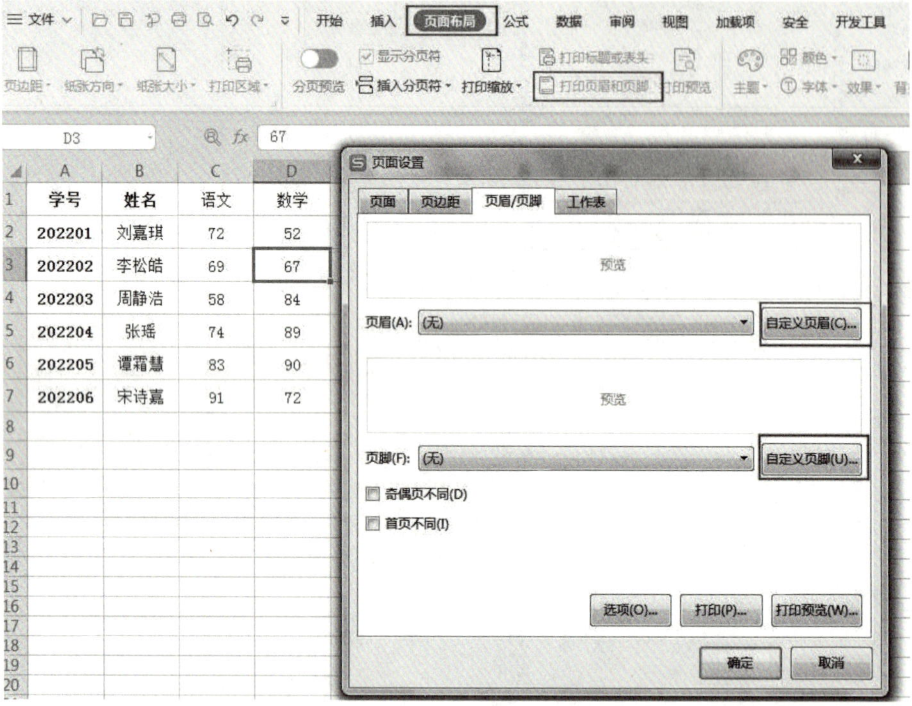

图2-89　设置页眉、页脚

4.打印标题或表头

有时，为了使打印出来的表格更具可读性和美观性，用户可以设置WPS表格的打印页面。

例：对"学生成绩表"设置打印区域和打印标题行。

步骤　打开"学生成绩表"，单击"页面布局"选项卡中的"打印标题或表头"按钮，如图2-90所示。

图2-90　单击"打印标题或表头"按钮

在弹出的"页面设置"对话框的"工作表"选项卡的"打印区域"参数框中输入"$A$1:$H$7"，在"打印标题"栏的"顶端标题行"参数框中输入"$1:$1"，单击"确定"按钮，即可对"学生成绩表"设置打印区域和打印标题行，如图2-91所示。

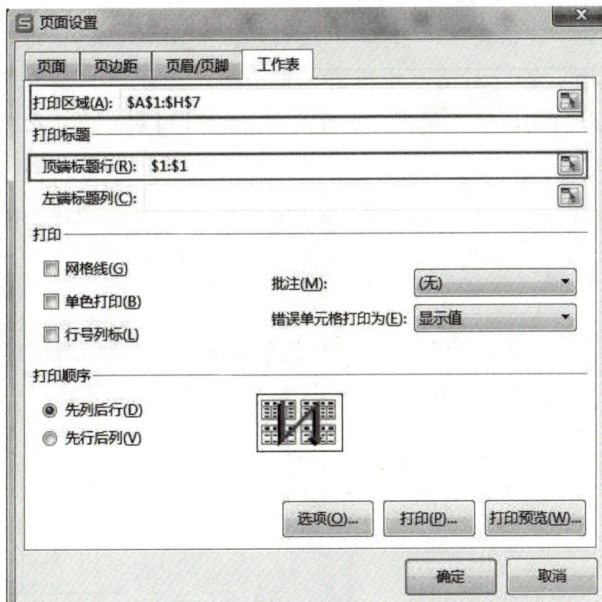

图2-91　设置打印区域和打印标题行

5.设置打印缩放

当WPS表格中的内容过多时，还想将表格打印在一页纸上，可以通过设置打印缩放来实现。

例：对"学生成绩表"设置打印缩放。

步骤　打开"学生成绩表"，单击"页面布局"选项卡中的"打印缩放"下拉按钮，在弹出的下拉菜单中选择"将整个工作表打印在一页"命令，这样就可以将"学生成绩表"所有列打印在一页中，即完成了打印缩放，如图2-92所示。

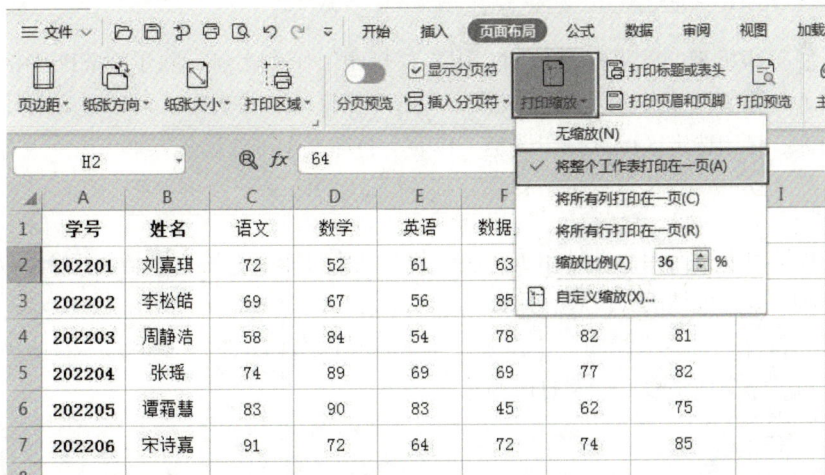

图2-92　设置打印缩放

6.设置居中打印

用户在打印WPS表格时，为了使打印出来的表格更加美观，可以设置居中打印。

例：对"学生成绩表"设置居中打印。

步骤 打开"学生成绩表"，单击"页面布局"选项卡中的"打印标题或表头"按钮，在弹出的"页面设置"对话框中单击"页边距"选项卡，在"居中方式"栏中勾选"水平"和"垂直"复选框，单击"确定"按钮，即可对"学生成绩表"设置居中打印，如图2-93所示。

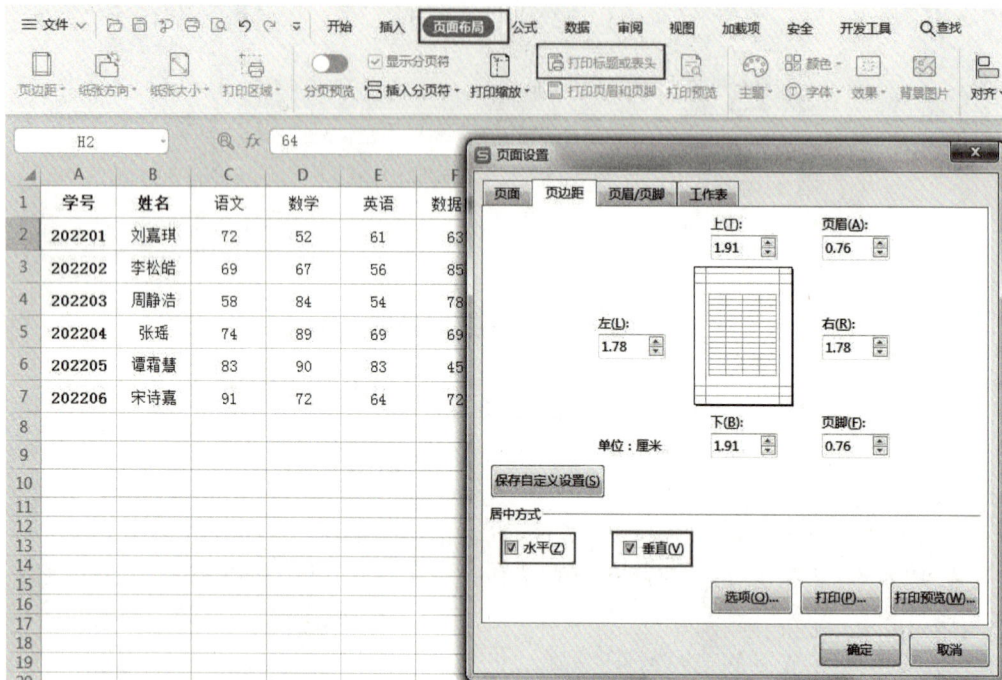

图2-93 设置居中打印

二、打印工作表

为了使打印出来的效果符合预期，用户在打印工作表之前，除了对WPS表格设置打印页面外，还需要对工作表进行打印预览。用户在打印工作表时，可以进行打印网格线和行号列标、打印选定区域、打印选定工作表、打印整个工作簿等操作。

1.打印预览

打印预览可以帮助用户在打印工作表之前，预览打印出来的效果是否符合预期。

例：对"学生成绩表"设置打印预览。

步骤 打开"学生成绩表"工作表，单击"页面布局"选项卡中的"打印预览"按钮，即可对"学生成绩表"设置打印预览。

2.打印网格线和行号列标

在实际应用中打印WPS表格时，系统默认不打印网格线和行号列标。

例：对"学生成绩表"设置网格线和行号列标。

步骤　打开"学生成绩表"工作表，单击"页面布局"选项卡中的"打印标题或表头"按钮，在弹出的"页面设置"对话框的"工作表"选项卡的"打印"栏中勾选"网格线"和"行号列标"复选框，即可对"学生成绩表"设置打印网格线和行号列标，如图2-94和图2-95所示。

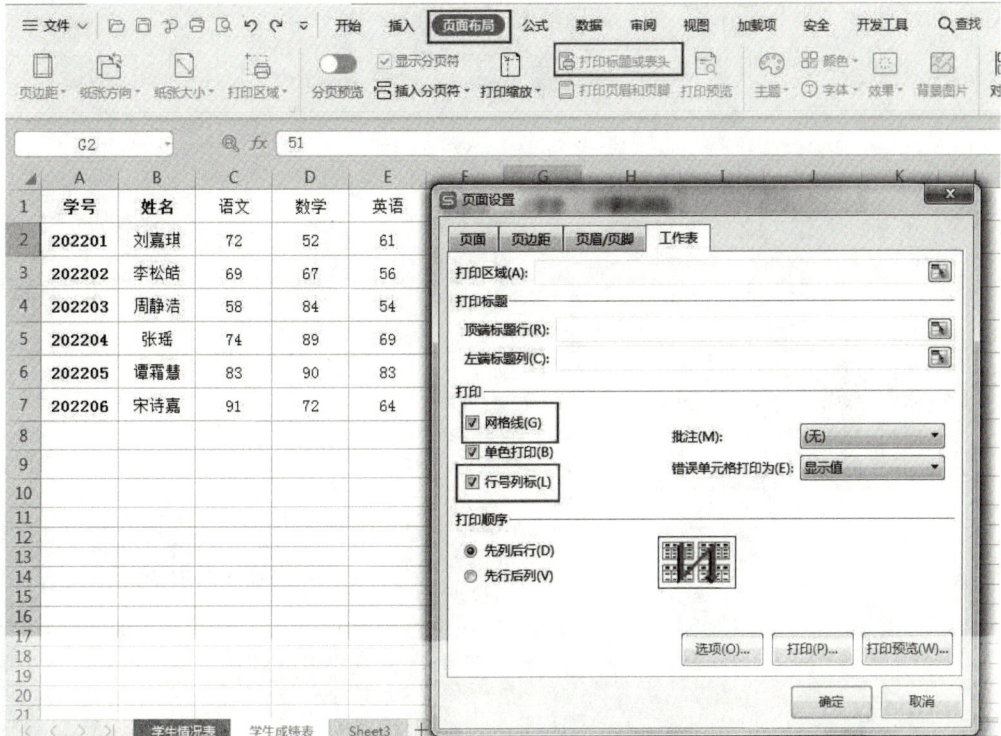

图2-94　设置打印网格线和行号列标

图2-95　网格线和行号列标打印预览

3.打印选定区域

在工作中，有时只需要打印工作表的一部分区域，可以通过打印选定区域的操作来完成。

例：打印"学生成绩表"的连续区域A1:H7。

步骤　打开"学生成绩表"，单击"页面布局"选项卡中的"打印标题或表头"按钮，在弹出的"页面设置"对话框的"工作表"选项卡的"打印区域"参数框中输入"$A$1:$H$7"，单击"确定"按钮；单击"文件"按钮，选择"打印"命令，在弹出的"打印"对话框中选中"打印内容"栏中的"选定区域"单选按钮，单击"确定"按钮，即可打印"学生成绩表"的连续区域A1:H7，如图2-96所示。

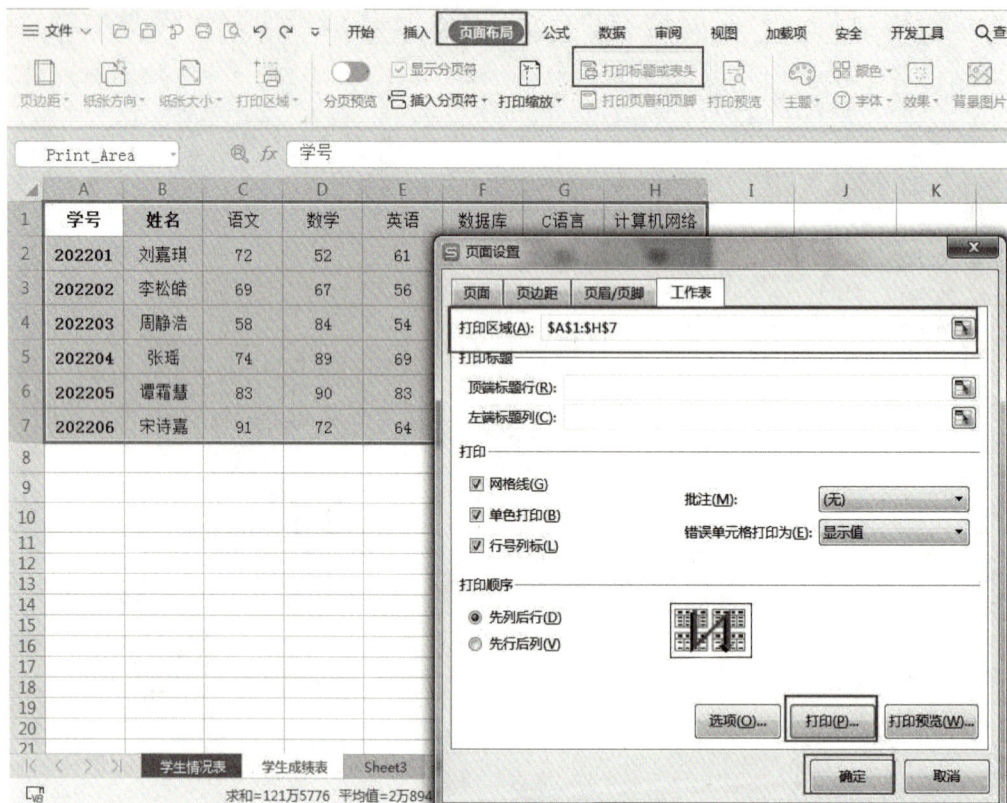

图2-96　打印连续区域

例：打印"学生成绩表"中的不连续区域A1:B7和E1:F7。

步骤1　打开"学生成绩表"，单击"页面布局"选项卡中的"打印标题或表头"按钮，在弹出的"页面设置"对话框的"工作表"选项卡的"打印区域"文本框中输入"$A$1:$B$7，$E$1:$F$7"，单击"确定"按钮。

步骤2　单击"文件"按钮，选择"打印"命令，在弹出的"打印"对话框选中"打印内容"栏中的"选定区域"单选按钮，单击"确定"按钮，即可打印"学生成绩表"的不连续区域A1:B7和E1:F7，如图2-97所示。

4.打印选定工作表

当WPS表格中有多个工作表时，有时只需要一个工作表被打印出来，可以通过打印工作表的操作来完成。

例：打印"学生成绩表"。

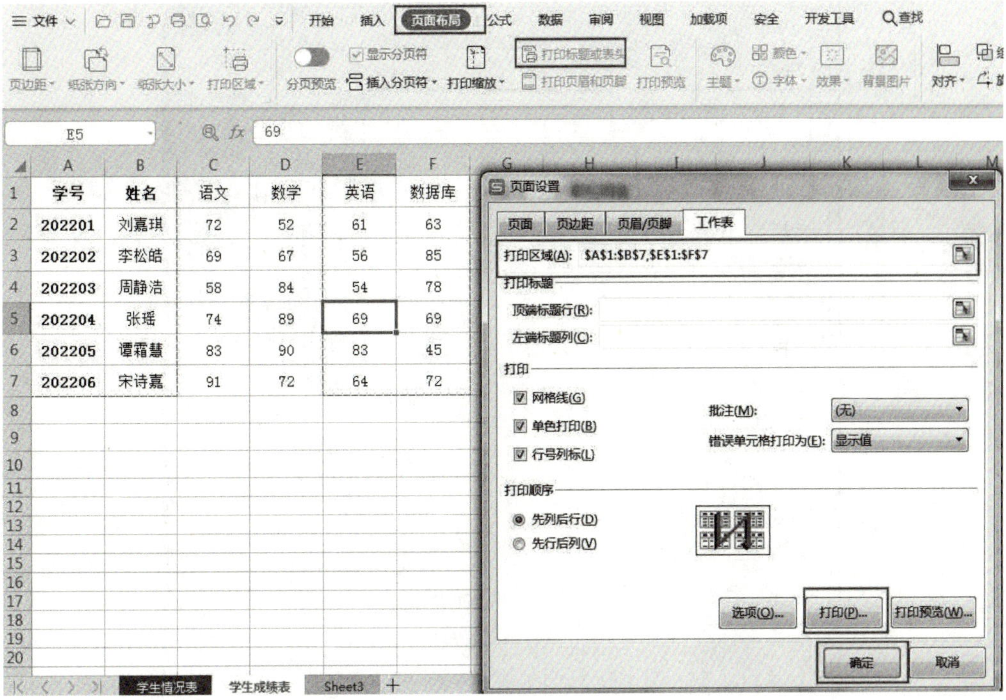

图2-97　打印不连续区域

　　步骤　打开"学生成绩表",单击"文件"按钮,选择"打印"命令,在弹出的"打印"对话框中选中"打印内容"栏中的"选定工作表"单选按钮,单击"确定"按钮,即可打印"学生成绩表",如图2-98和图2-99所示。

图2-98　选择"打印"命令

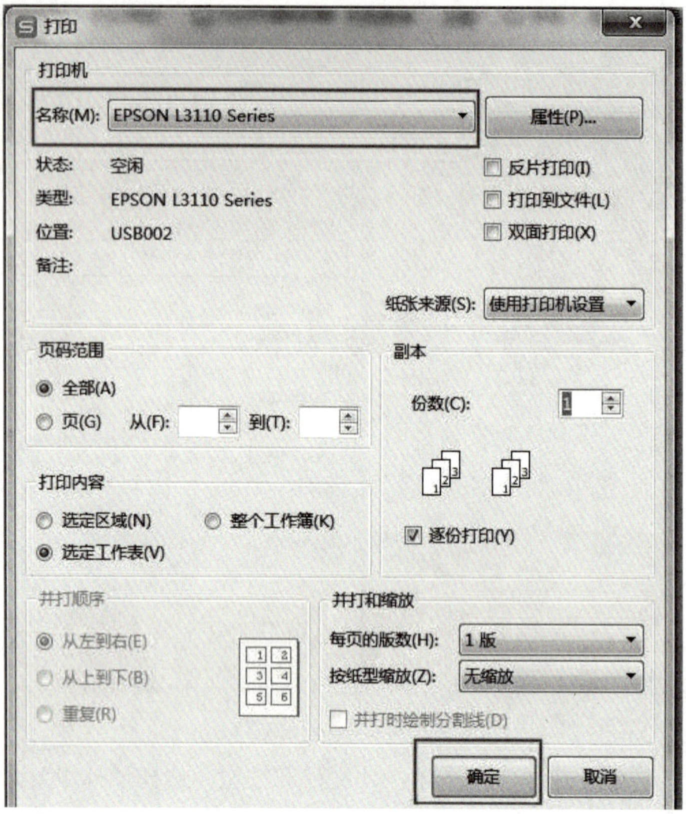

图2-99　打印选定工作表

5.打印整个工作簿

在工作中，当工作簿中的所有内容都需要被打印出来时，用户可以通过打印整个工作簿的操作来完成。

例：打印"学生管理表"工作簿。

步骤　打开"学生管理表"工作簿，单击"文件"按钮，选择"打印"命令，在弹出的"打印"对话框中单击"打印内容"栏中的"整个工作簿"单选按钮，单击"确定"按钮，即可打印"学生管理表"工作簿，如图2-100所示。

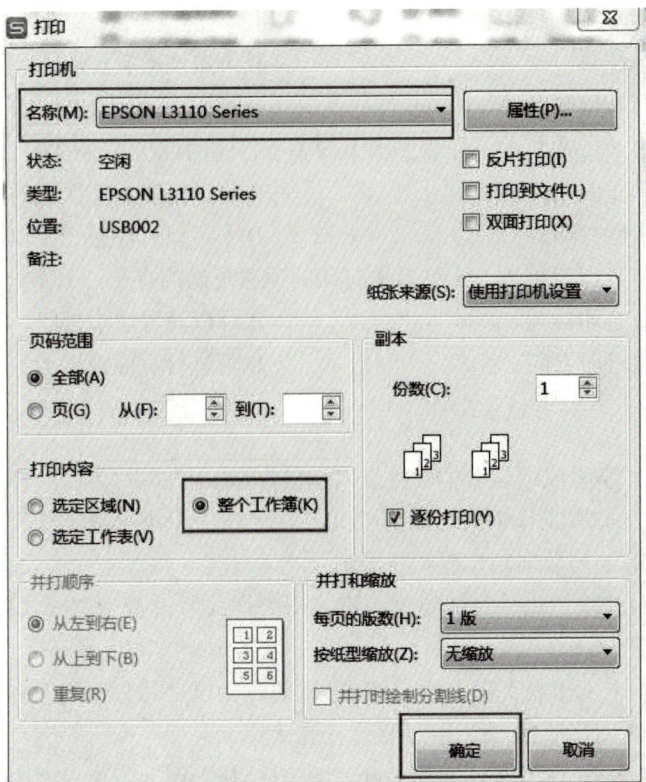

图2-100　打印整个工作簿

自我测试

一、选择题

1.下列有关WPS表格打印的说法中，错误的是（　　　　）。

　A.可以设置打印份数　　　　　　　　B.可以设置居中打印

　C.无法调整打印方向　　　　　　　　D.可进行页面设置

2.在WPS表格中，使用（　　　）命令，可以设置允许打开工作簿但不能修改被保护的部分。

　A.共享工作簿　　　　　　　　　　　B.另存为...

　C.保护工作表　　　　　　　　　　　D.保护工作簿

3.在WPS表格中，打印工作簿时，下列表述错误的是（　　　　）。

　A.一次可以打印整个工作簿

　B.一次可以打印一个工作簿中的一个或多个工作表

　C.在一个工作表中可以只打印某一页

　D.不能只打印一个工作表中的一个区域位置

4.（多选）在WPS文字的"打印"对话框中可以设置（　　　　）。

　A.打印范围　　　　　　　　　　　　B.打印份数

　C.字体　　　　　　　　　　　　　　D.双面打印

5.（多选）在WPS表格中，对图表（　　　）。

  A.可以添加趋势线   B.可以调整其大小

  C.可以改变其位置   D.可以更改图表类型

6.（多选）在WPS表格的工作表中，下列关于打印的说法正确的有（　　　）。

  A.可以打印整张工作表   B.可以打印选定区域的内容

  C.可以一次性打印多份   D.不可以打印整个工作簿

7.（多选）在WPS表格中，下列有关打印的说法正确的有（　　　）。

  A.可以设置打印份数   B.可以设置居中打印

  C.无法调整打印方向   D.可进行页面设置

二、实作题

在素材文件"学生成绩表"中，完成以下操作：

（1）将"sheet3"工作表重命名为"图表-柱形图"，插入图形，具体要求：以"总分区间"和"人数"列数据制作簇状柱形图。

（2）对图形进行美化，具体要求：将"图表样式"设置为"样式3"，更改图表颜色为"彩色第四行第一个"。

（3）新建一个工作表，命名为"图表-饼图"，以"总分区间"和"比重"列数据制作饼图，并把饼图移动到"图表-饼图"工作表中。

（4）将"图表-饼图"工作表移动到"图表柱-柱形图"工作表之前。

（5）将"图表-饼图"标签颜色改为标准红色。

（6）将"填充"工作表设置页面纸张方向为"横向"，纸张大小为"B5"，设置"居中打印"，居中方式为"水平和垂直"，设置打印"网格线"和"行号列标"，为"A1:E21"设置打印区域。

项目三
WPS演示

项目导读

　　WPS演示可以制作出包含文字、图片、视频等多种内容的演示文稿，将需要表达的内容清晰、直观地展示给观众，广泛应用于产品宣传、教学培训等领域，它也是WPS Office的重要组成部分。本项目将讲解演示文稿的一些基本操作，如演示文稿的创建、编辑、排版、动画制作和演示等。

知识目标

　　了解WPS演示页面包含的内容；
　　熟悉演示文稿的创建、编辑、排版、动画制作和演示等操作。

能力目标

　　能够根据内容编辑演示文稿；
　　能够排版演示文稿并设置文本格式和段落格式；
　　能够根据需要为演示文稿排版；
　　能够自定义演示文稿的动画。

素质目标

　　培养职业道德；
　　培养不断学习、不断创新的进取精神；
　　培养团队协作精神和独立工作能力。

任务一

WPS演示的创建

任务概述

本任务主要讲解新建演示文稿、打开演示文稿、退出演示文稿、模板资源库的使用。读者应该在熟悉内容的基础上，多次实践，以熟练掌握操作技能。

一、 新建演示文稿

新建演示文稿，可以通过以下几种方法。

1.主导航栏新建

打开WPS演示，在打开的软件界面左侧主导航栏中单击"新建"按钮，即可新建一个空白演示文稿，如图3-1所示。

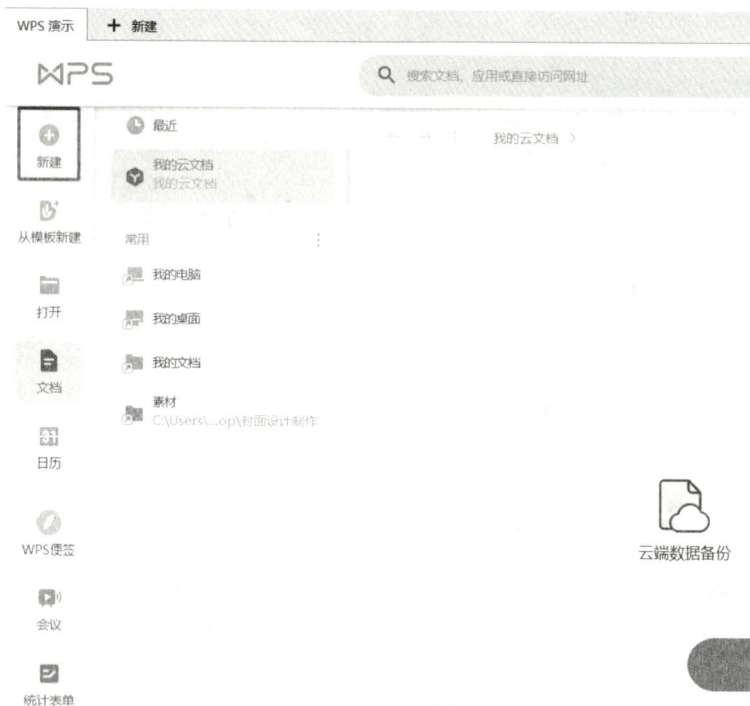

图3-1　通过主导航栏新建

2.标签栏新建

在已打开的WPS演示中，单击标签栏中的"+"按钮，即可新建一个空白演示文稿，如图3-2所示。

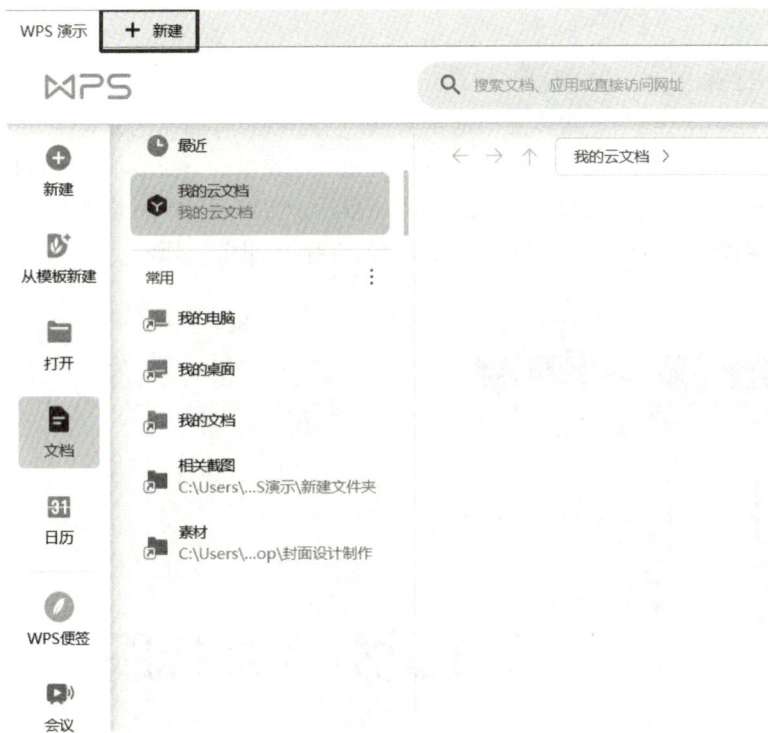

图3-2　通过标签栏新建

3."文件"菜单新建

在已打开的WPS演示中，选择"文件"菜单中"新建"命令，即可新建一个空白演示文稿，如图3-3所示。

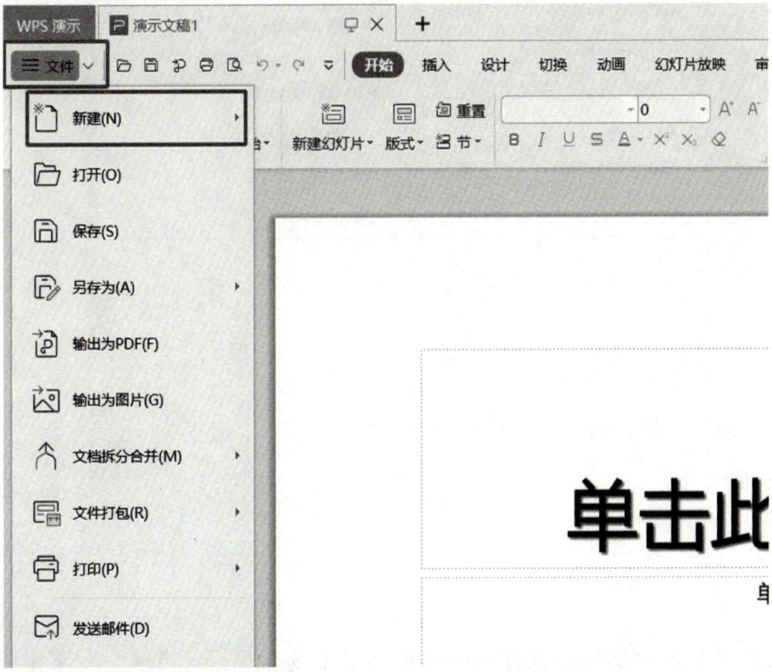

图3-3　通过"文件"菜单新建

4.组合键新建（Ctrl+N）

在已打开的WPS演示中，使用Ctrl+N组合键快速创建一个空白演示文稿。

新建一个演示文稿后，可以更改演示文稿的大小以及页面比例，具体方法如下：单击"设计"选项卡中的"幻灯片大小"下拉按钮，在弹出的下拉菜单中，可以将幻灯片大小设置为标准4：3或宽屏16：9，如图3-4所示。也可以选择"自定义大小"命令，在弹出的"页面设置"对话框中设置特殊尺寸的幻灯片，如图3-5所示。

图3-4　更改幻灯片大小

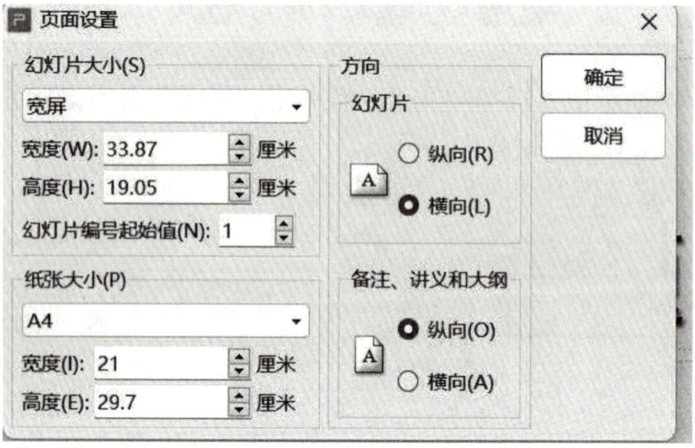

图3-5　"页面设置"对话框

二、打开演示文稿

打开已有演示文稿，可以通过以下几种方法。

1.双击打开

选中演示文稿，双击打开。

2.右键打开

右击要打开的演示文稿，在弹出的右键菜单中选择"打开方式"子菜单中的"WPS演示"命令，如图3-6所示。

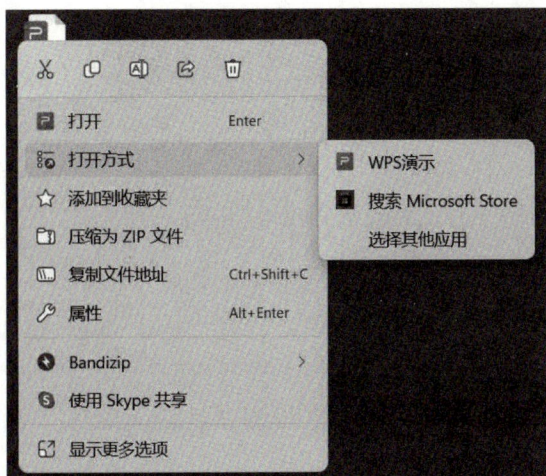

图3-6 右键选择"打开方式"打开已有演示文稿

3."文件"菜单打开

在已打开的WPS演示中，选择"文件"菜单中的"打开"命令，如图3-7所示。

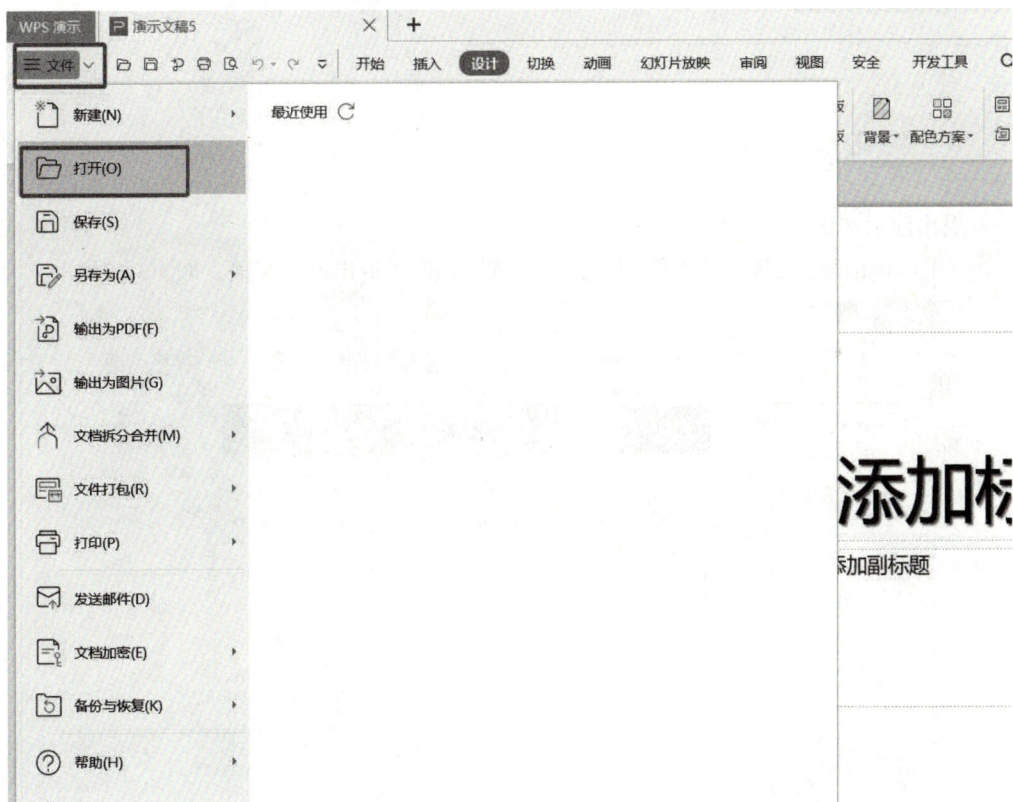

图3-7 从"文件"菜单中打开演示文稿

在弹出的"打开文件"对话框中，选择想要打开的演示文稿即可，如图3-8所示。

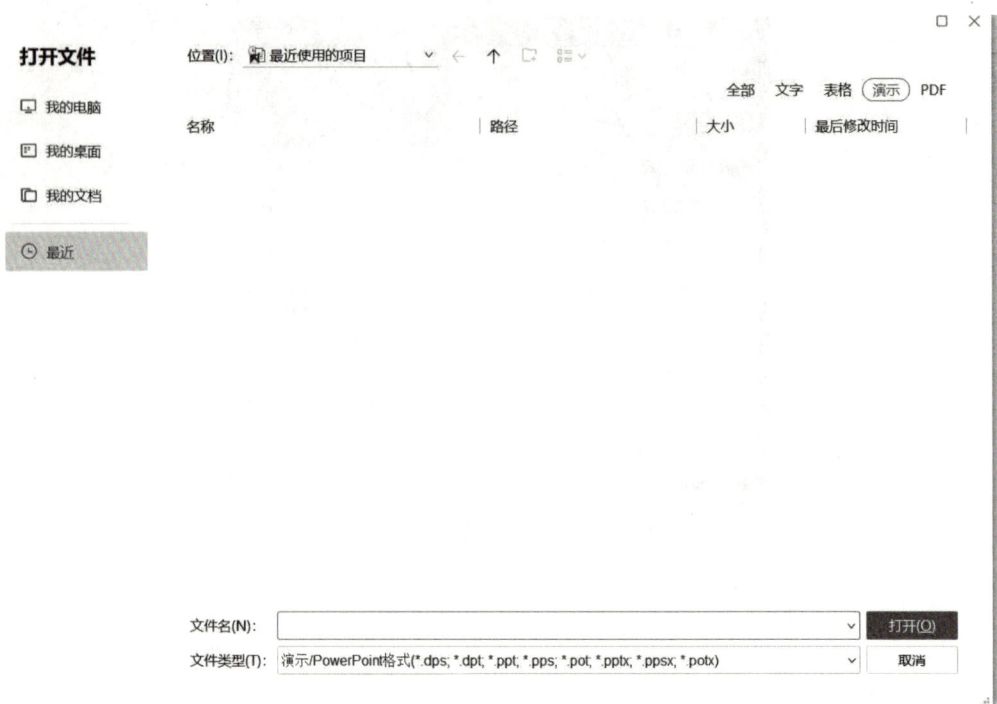

图3-8 "打开文件"对话框

三、退出演示文稿

退出演示文稿，可以通过以下几种方法。

（1）单击演示文稿标签右侧的"关闭"按钮，即可退出演示文稿，如图3-9所示。

图3-9 "关闭"按钮方式退出演示文稿

（2）选择"文件"菜单中的"退出"命令，即可退出演示文稿，如图3-10所示。

图3-10 "文件"菜单方式退出演示文稿

（3）使用快捷键Ctrl+F4，可退出演示文稿。

若正在编辑的演示文稿存在变动后未保存的情况，退出演示文稿时会提示用户是否保存演示文稿，如图3-11所示。

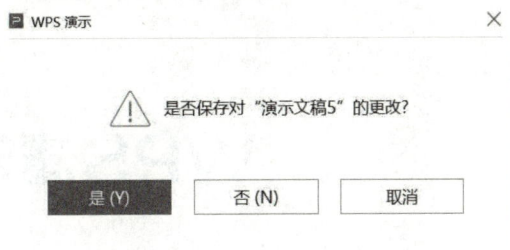

图3-11 演示文稿保存提示对话框

四、模板资源库的使用

模板：演示文稿中特殊一类，扩展名为.pot，用于提供文稿的格式、配色方案、母版样式等，应用设计模板可以快速生成风格统一的演示文稿。

为了提高工作效率，在创建演示文稿时可以选择从模板创建。

步骤 进入WPS演示首页，单击左侧主导航栏中的"从模板新建"按钮，如图3-12所示。

WPS演示为用户在本地和网络上提供了丰富的模板资源库，用户可以根据需要，在资源库中选择合适的模板使用。

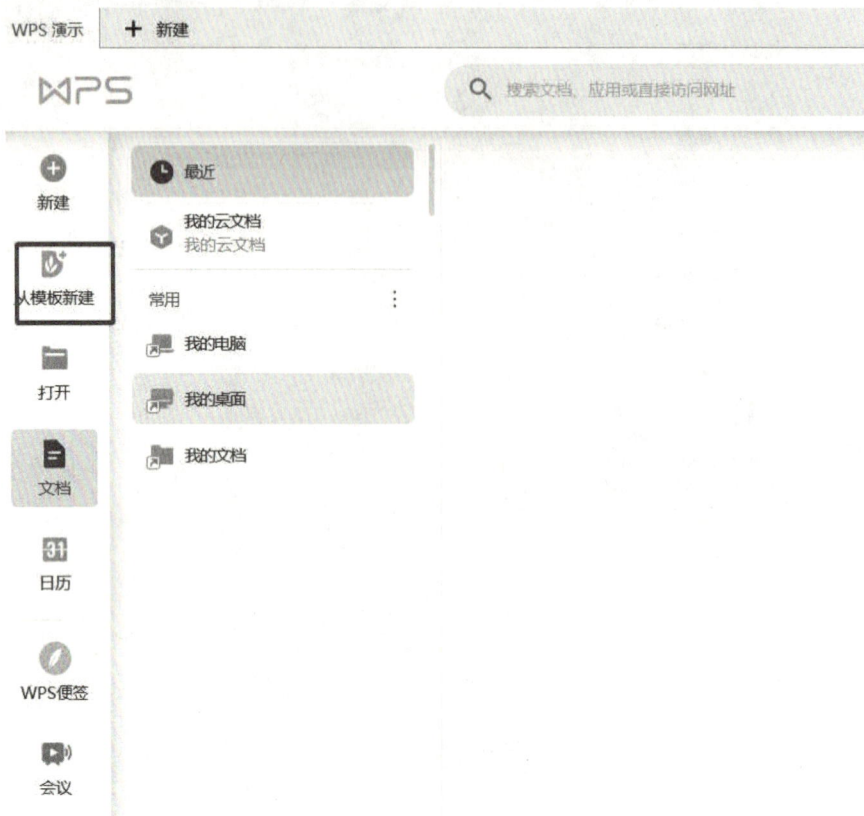

图3-12　使用模板

任务二

WPS演示的编辑

任务概述

熟练掌握界面布局、视图应用、幻灯片操作、对象属性操作、文本编辑、图片插入、形状插入等。

一、界面布局

WPS演示的界面大致可以分为6个部分：标签栏、功能区、导航窗格、任务窗格、编辑区、状态栏，如图3-13所示。

图3-13　WPS演示的工作界面

1.标签栏

标签栏用于演示文稿标签切换和窗口控制，包括标签区和窗口控制区。标签区主要用于访问、切换和新建演示文稿;窗口控制区主要用于切换、缩放和关闭工作窗口、登录、切换和管理账号，如图3-14所示。

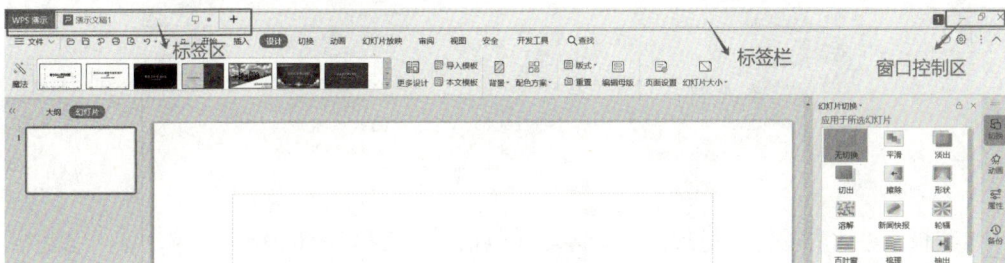

图3-14　标签栏

2.功能区

功能区承载了各类功能入口，包括功能区选项卡、文件菜单、快速访问工具栏、快捷搜索框、协作状态区等，如图3-15所示。

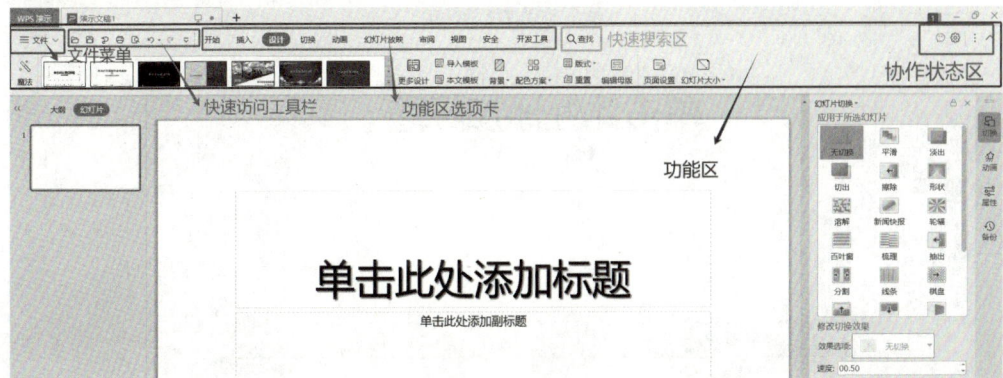

图3-15　功能区

3.导航窗格和任务窗格

导航窗格默认位于编辑界面的左侧,可以帮助用户浏览演示文稿或快速定位特定内容。如图3-16所示,单击导航窗格工具栏中的按钮可以切换窗格,如"幻灯片"导航窗格、"大纲"导航窗格等。

任务窗格默认位于编辑界面的右侧,可以执行一些附加的高级编辑命令。任务窗格默认收起而只显示任务窗格工具栏,单击工具栏中的按钮可以展开或收起任务窗格,执行特定命令操作或双击特定对象时也将展开相应的任务窗格。按快捷键Ctrl+F1可以在展开任务窗格、收起任务窗格、隐藏任务窗格3种状态之间进行切换。

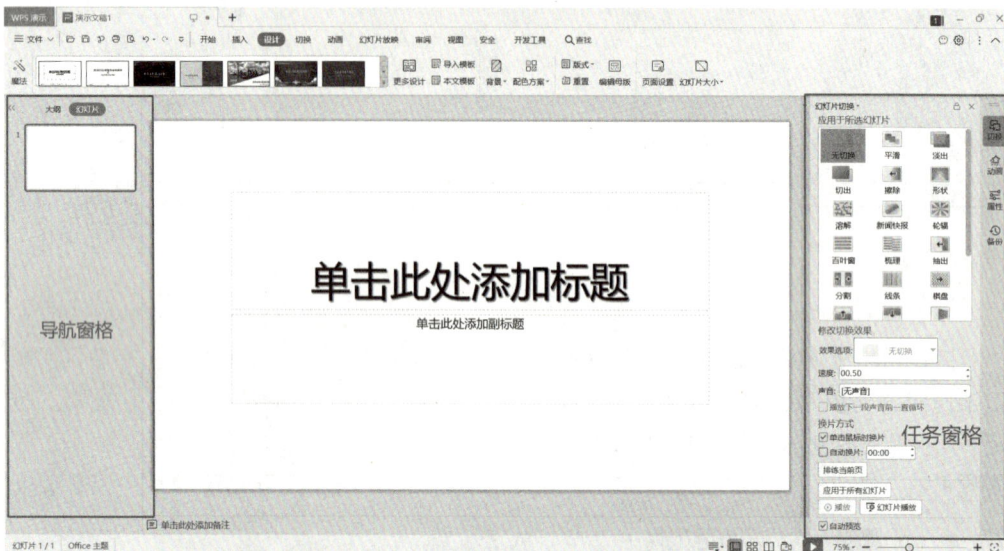

图3-16 导航窗格和任务窗格

4.编辑区

编辑区是内容编辑和呈现的主要区域,包括演示文稿页面、标尺、滚动条、备注窗格等,如图3-17所示。

图3-17 编辑区

5.状态栏

状态栏可以显示演示文稿的状态信息和提供视图控制功能。例如，状态信息区可以显示演示文稿的页数等信息；视图控制区的"普通视图""幻灯片浏览视图""阅读视图"等按钮帮助在不同视图之间快速切换，以及创建"演讲实录"、设置"从当前幻灯片开始播放"；在缩放比例控制区拖动滚动条，可快速调整页面显示比例或者单击右侧"最佳显示比例"按钮自动调整至最佳显示，如图3-18所示。

图3-18　状态栏

二、视图应用

WPS演示中，根据不同用户对幻灯片浏览的需求提供了5种视图：普通视图、幻灯片浏览视图、备注页视图、阅读视图和幻灯片母版视图。默认情况下，演示文稿的视图模式为普通视图。

在已打开的演示文稿中，单击功能区中的"视图"选项卡，可以选择不同的显示视图，如图3-19所示。

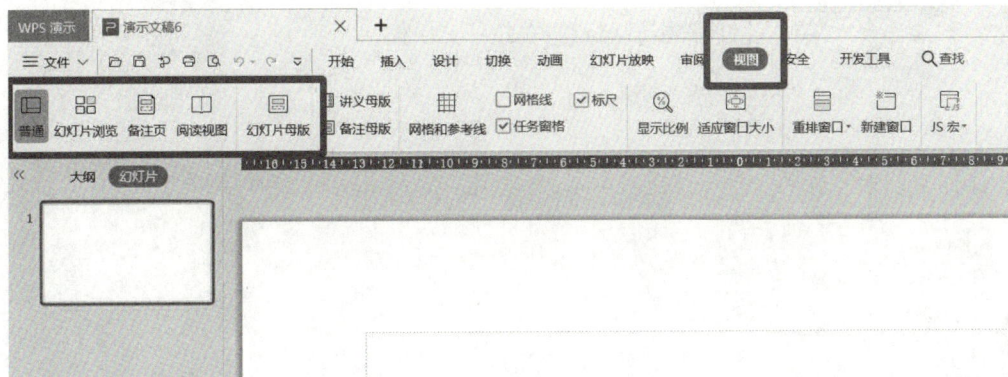

图3-19　在"视图"选项卡中选择视图模式

1.普通视图

普通视图是为了便于编辑演示文稿的内容而设计，单击"视图"选项卡中的"普通"按钮，进入普通视图，在此视图模式下，可撰写或设计演示文稿。普通视图分为左侧导航区和右侧编辑区。

2.幻灯片浏览视图

幻灯片浏览的作用是便于对幻灯片进行快捷更改与排版，单击"视图"选项卡中的"幻灯片浏览"按钮，即可进入幻灯片浏览视图。

3.备注页视图

单击"视图"选项卡中的"备注页"按钮即可进入备注页视图，在此视图下可以对当前幻灯片添加备注。

4.阅读视图

阅读视图的作用是可以在WPS窗口播放幻灯片，方便查看动画的切换效果。单击"视图"选项卡中的"阅读视图"按钮即可进入阅读视图，在此视图下，用户所看到的演示文稿就是观众将看到的效果。

5.母版视图

母版在幻灯片制作之初就要设置，它决定着幻灯片的"背景"。例如，当用户使用快捷键Ctrl+M新建幻灯片时，会出现一个空白幻灯片。有些出现的是白色的幻灯片，有些出现的是灰色的幻灯片，原因在于母版设置。如果当前幻灯片的母版底色为灰色，新建幻灯片出现的就是灰色背景。

单击"视图"选项卡中"幻灯片母版"按钮可以打开母版视图，在母版视图下，用户可以查看、编辑或关闭母版，如图3-20所示。幻灯片母版分为讲义母版和备注母版。

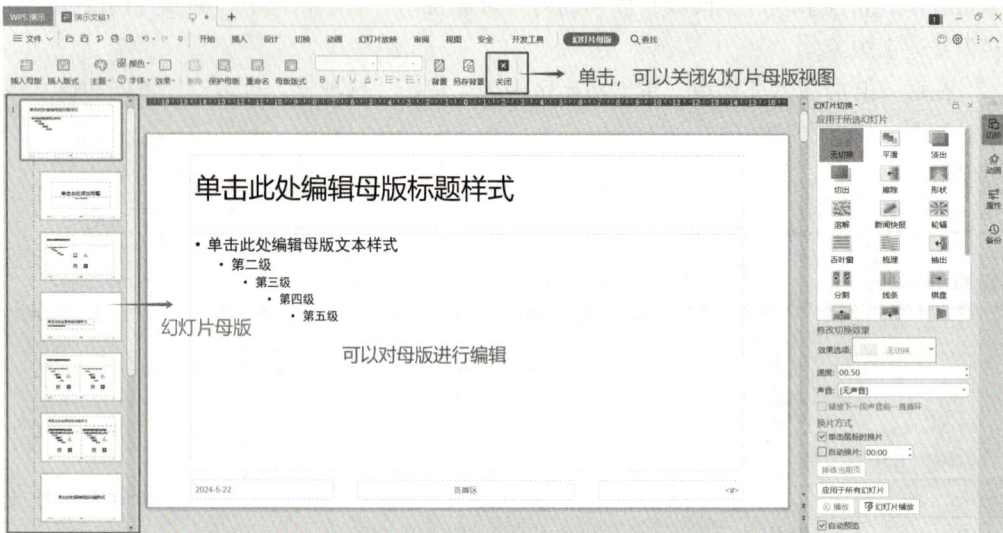

图3-20 母版视图

（1）讲义母版

打印幻灯片时，经常需要将幻灯片打印成讲义分发给观众。将幻灯片打印成讲义形式，会在每张幻灯片旁边留下空白，便于填写备注。单击"视图"选项卡中的"讲义母版"按钮，此时进入讲义母版模式。

（2）备注母版

做演示文稿时，一般会把需要展示给观众的内容做在幻灯片里，不需要展示的写在备注里。如果需要把备注打印出来，可以使用备注母版功能快速设置备注。

备注母版的作用是自定义演示文稿用作打印备注的视图。单击"视图"选项卡中的"备注母版"按钮，此时进入备注母版编辑模式。

三、 幻灯片操作

1.插入幻灯片

方法1　在"幻灯片"导航窗格中要插入幻灯片的位置右击，在弹出的右键菜单中选择"新建幻灯片"命令，即可在选中的幻灯片的下方插入一张新的幻灯片，并自动应用幻灯片版式，如图3-21所示。

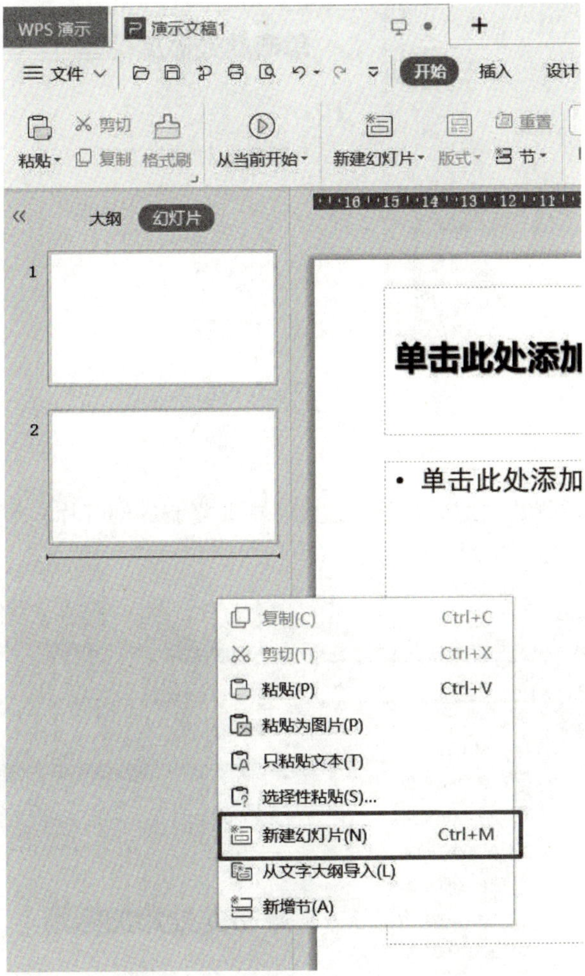

图3-21　右击插入幻灯片

方法2　单击"幻灯片"导航窗格中的一张幻灯片，然后按Enter键或者快捷键Ctrl+M，即可在选中的幻灯片的下方插入一张新的幻灯片，并自动应用幻灯片版式。

方法3　单击"插入"选项卡，单击"新建幻灯片"按钮，即可插入一张新的幻灯片，如图3-22所示。

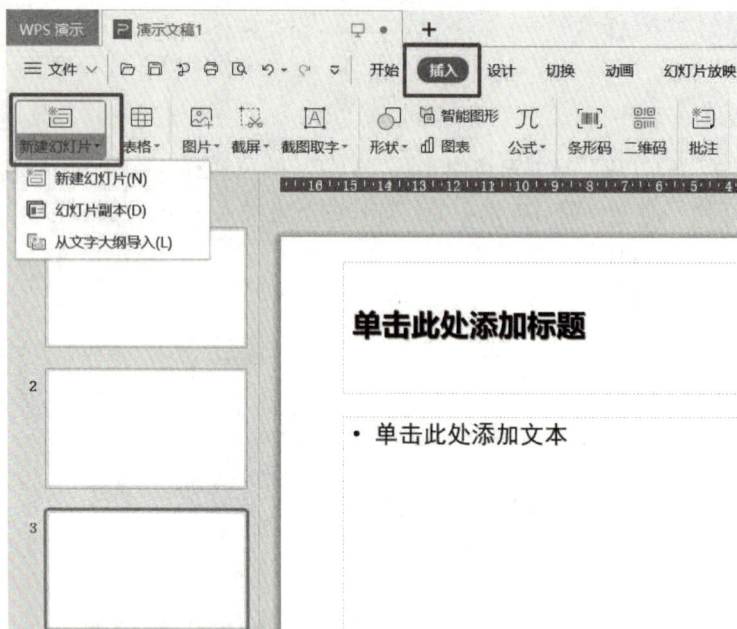

图3-22 "插入"选项卡插入幻灯片

2.复制幻灯片

右击演示文稿左侧的"幻灯片"导航窗格中要复制的幻灯片，在弹出的右键菜单中选择"复制"命令，如图3-23所示。

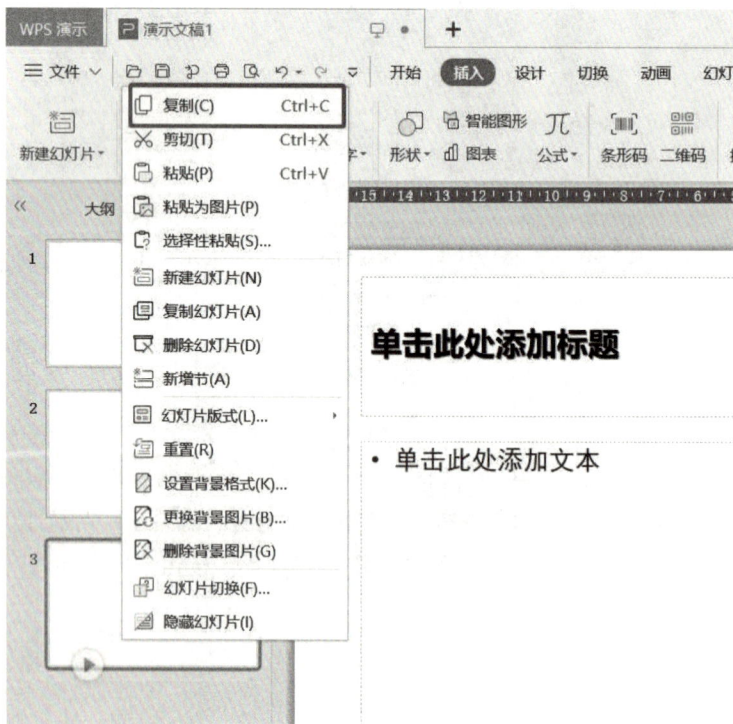

图3-23 复制幻灯片

在导航窗格中选择想要插入的位置后右击，在弹出的右键菜单中选择"粘贴"命令，即可插入一张与复制的幻灯片格式和内容相同的幻灯片，如图3-24所示。

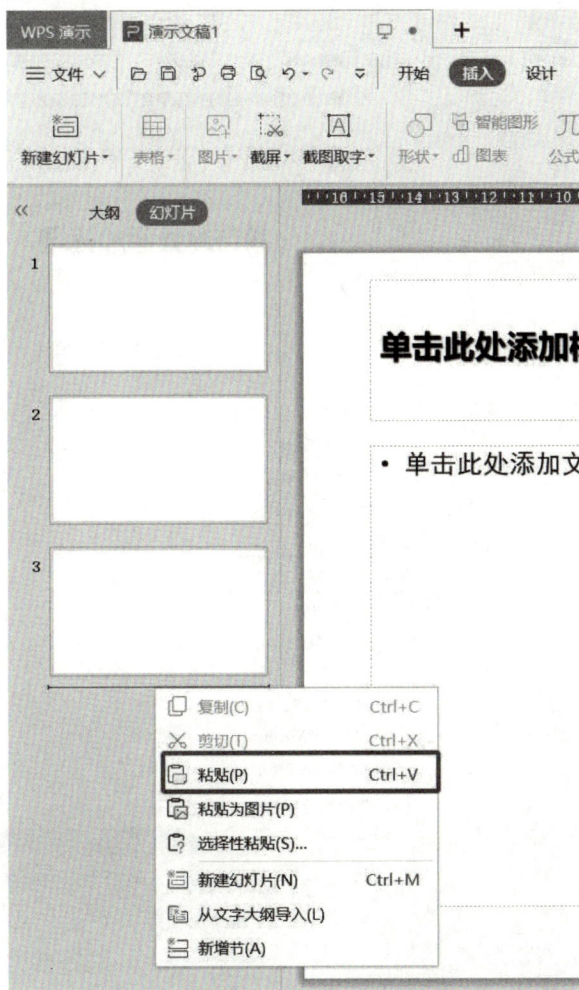

图3-24　粘贴幻灯片

3.移动幻灯片

移动幻灯片的方法很简单，只需在演示文稿左侧的幻灯片导航窗格中选中移动的幻灯片，然后按住鼠标左键不放，将其拖动至要移动的位置后释放鼠标左键即可。

4.删除幻灯片

如果演示文稿中有多余的幻灯片，用户可以将其删除。在左侧的幻灯片导航窗格中选中要删除的幻灯片，然后右击，在弹出的快捷菜单中选择"删除幻灯片"命令，即可将选中的幻灯片删除，如图3-25所示。

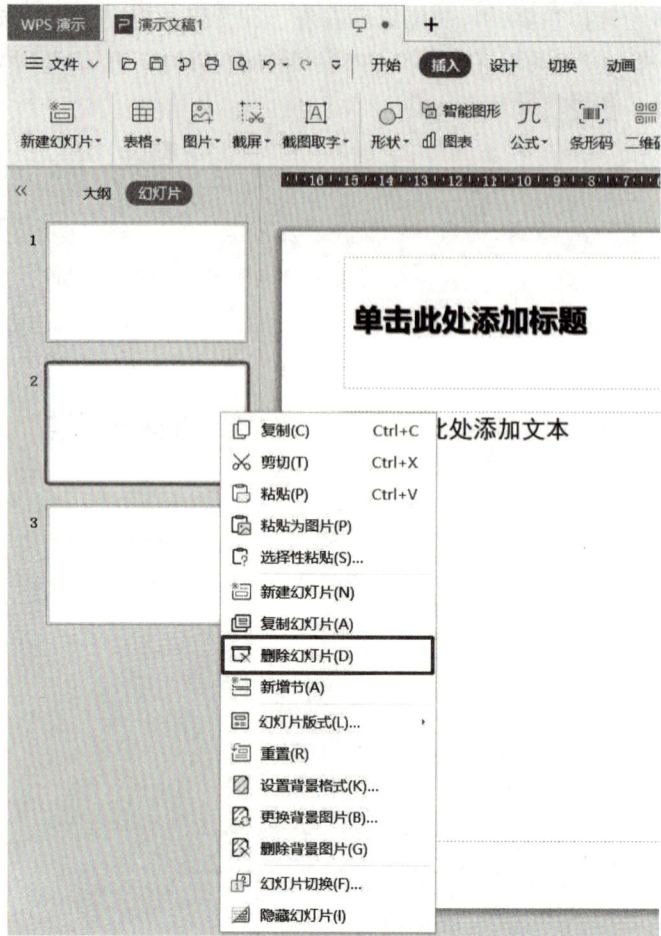

图3-25　删除幻灯片

5.隐藏与显示幻灯片

当用户不想放映演示文稿中的某些幻灯片时，可以将其隐藏。隐藏幻灯片的具体操作如下：

步骤　在左侧幻灯片导航窗格中选中要隐藏的幻灯片，然后右击，在弹出的快捷菜单中选择"隐藏幻灯片"命令，如图3-26所示。

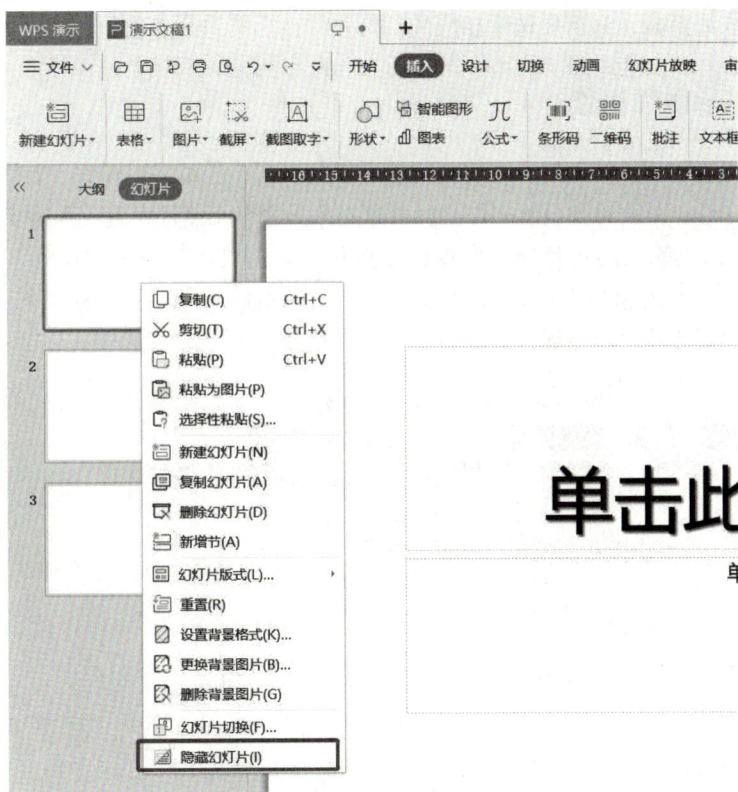

图3-26　隐藏幻灯片

此时，在该幻灯片的标号上会显示一条斜线，表明该幻灯片已经被隐藏，如图3-27所示。

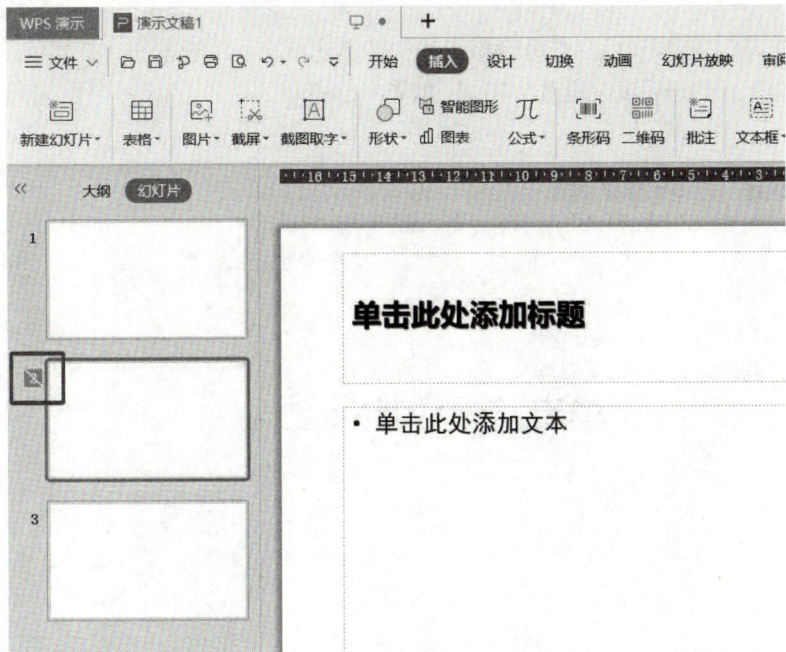

图3-27　隐藏后的幻灯片

如果要取消隐藏，只需要选中相应的幻灯片，然后再进行一次上述操作即可。

四、对象属性操作

在演示文稿中，可将幻灯片中的一切元素如文本框、艺术字、图片、表格等都看成一个对象，用户可以对该对象设置属性。以背景对象为例介绍属性设置。具体步骤如下：

步骤1 在左侧"幻灯片"导航窗格中选择一张幻灯片，单击"设计"选项卡中的"背景"按钮，此时窗口右侧弹出"对象属性"任务窗格，如图3-28所示。用户可以在此任务窗格中更改背景对象属性，如设置填充、透明度、亮度等。

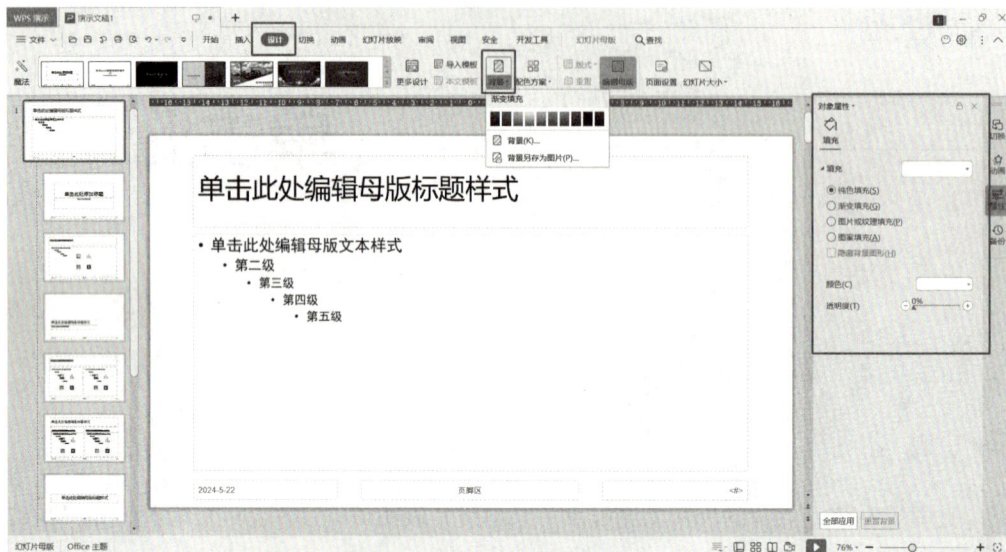

图3-28 打开"对象属性"任务窗格

步骤2 在"对象属性"任务窗格中选中"渐变填充"单选按钮，"颜色"下拉面板选择"浅蓝"，"透明度"设置为70%，如图3-29所示。

图3-29 设置背景属性

五、认识编辑区

在打开的演示文稿中，最中间的区域是编辑区，用户可以在该区域撰写、设计幻灯片的具体内容。这里着重介绍视图中网格线、标尺和参考线的具体应用。

1.设置网格线

单击"视图"选项卡，勾选"网格线"复选框，就可以在编辑区显示幻灯片的网格线。网格线可以方便用户编辑对象。使幻灯片设计更加美观，如图3-30所示。

图3-30　网格线

2.网格和参考线

单击"视图"选项卡中的"网格和参考线"按钮，弹出"网格线和参考线"对话框，就可以对网格和参考线进行相应设置，如图3-31所示。

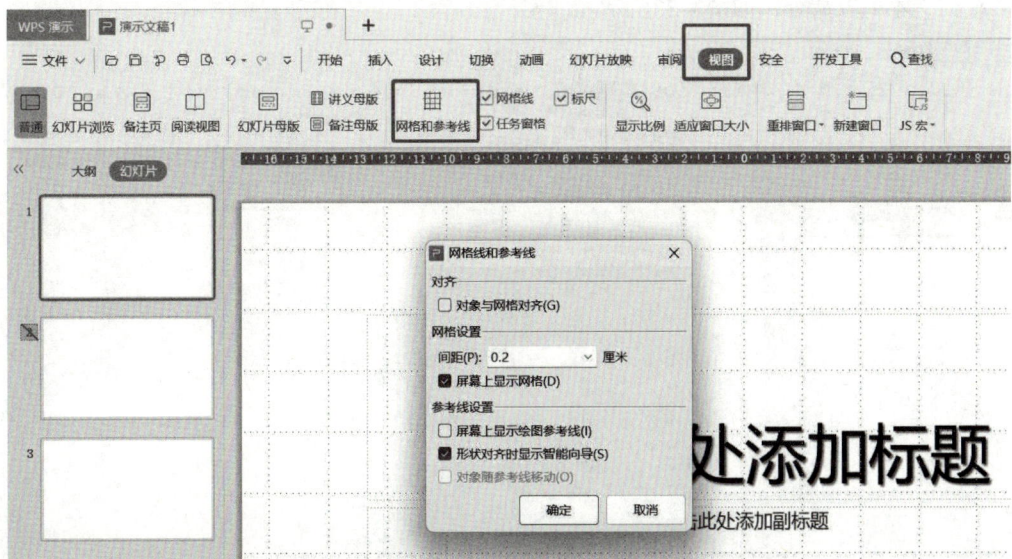

图3-31　网格和参考线

3.标尺

在编辑区，用户还可以设置标尺，具体操作步骤如下：

步骤 单击"视图"选项卡，勾选"标尺"复选框，就可以在编辑区上方显示幻灯片标尺，如图3-32所示。

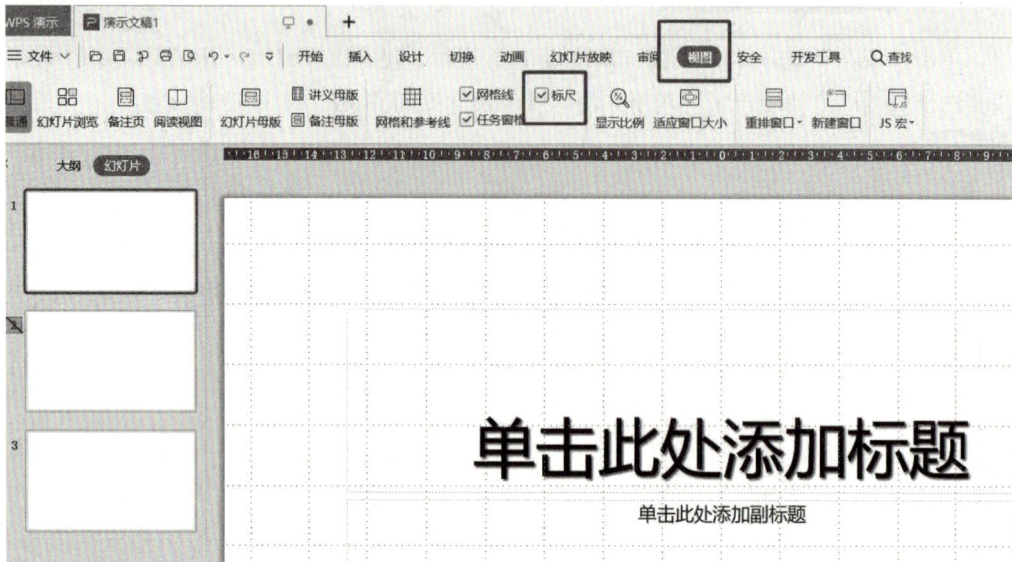

图3-32 标尺

六、文本编辑

在幻灯片中实现文本编辑，可通过插入文本框来实现，这里以插入横向文本框为例来介绍。

在幻灯片中插入文本框的具体操作步骤如下：

步骤1 单击"插入"选项卡中的"文本框"下拉按钮，在弹出的下拉菜单中选择"横向文本框"命令，如图3-33所示。

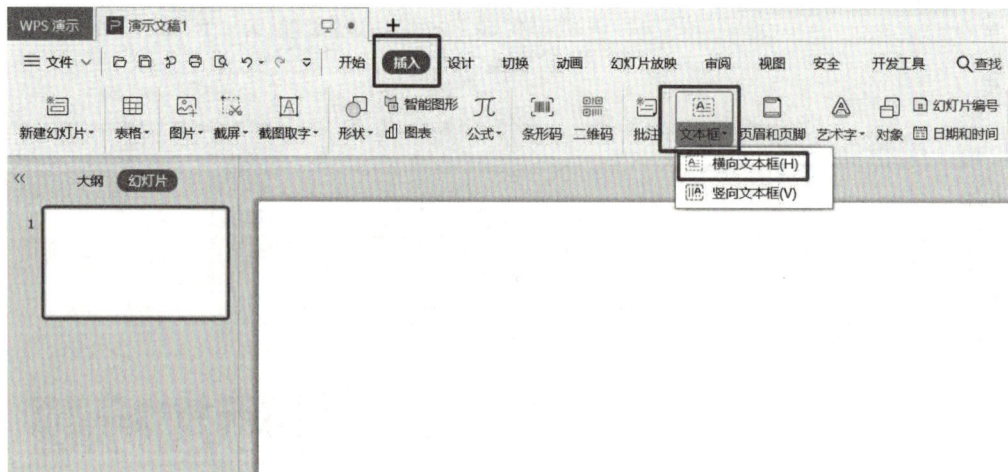

图3-33 选择"横向文本框"命令

步骤2　此时鼠标指针会变成"+"形状，按住鼠标左键不放，拖动鼠标即可绘制一个横向文本框，在其中输入"大国工匠人物事迹"，如图3-34所示。

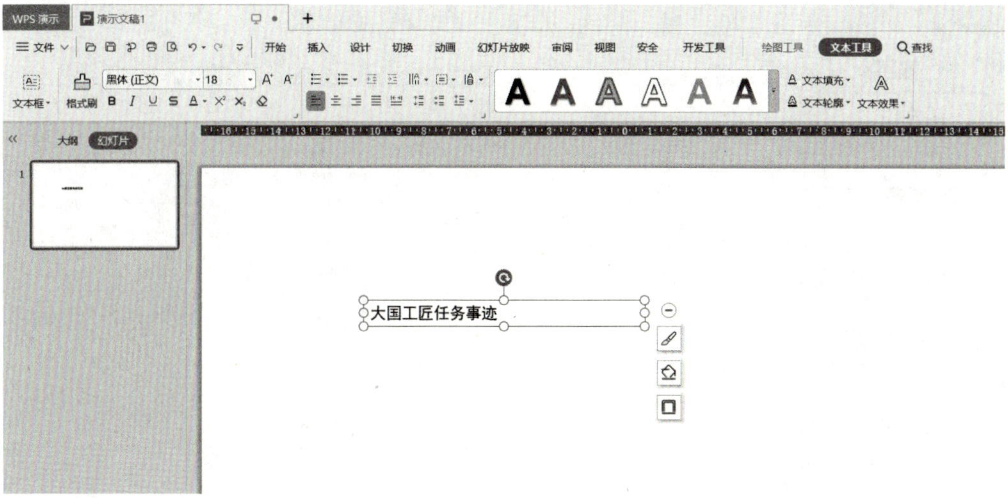

图3-34　插入横向文本框

步骤3　选中"大国工匠人物事迹"文本，在"开始"选项卡或"文本工具"选项卡中的"字体"组合框中调整字体，在"字号"组合框中调整字号，如图3-35所示。

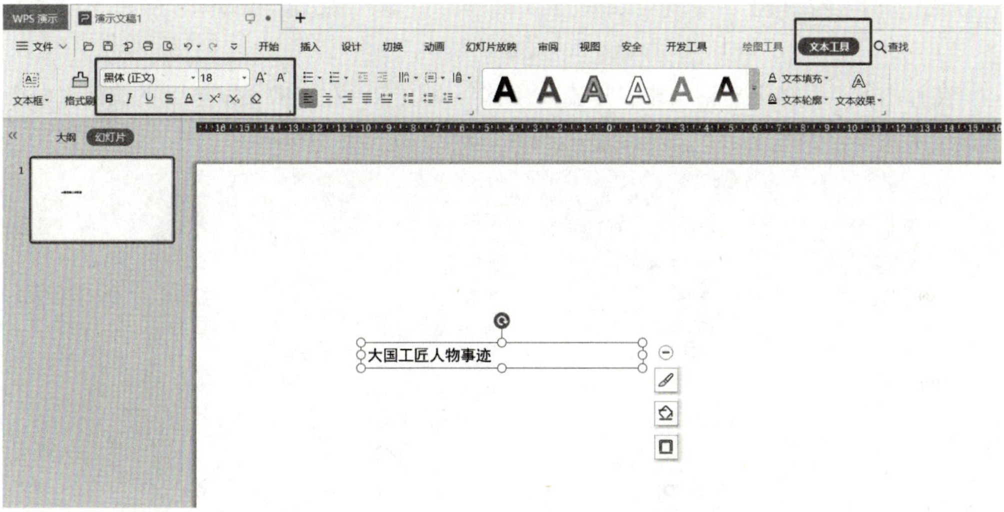

图3-35　调整字体字号

或者选中"大国工匠人物事迹"文本，在选中文本上右击，在弹出的右键菜单中选择"字体"命令，如图3-36所示。

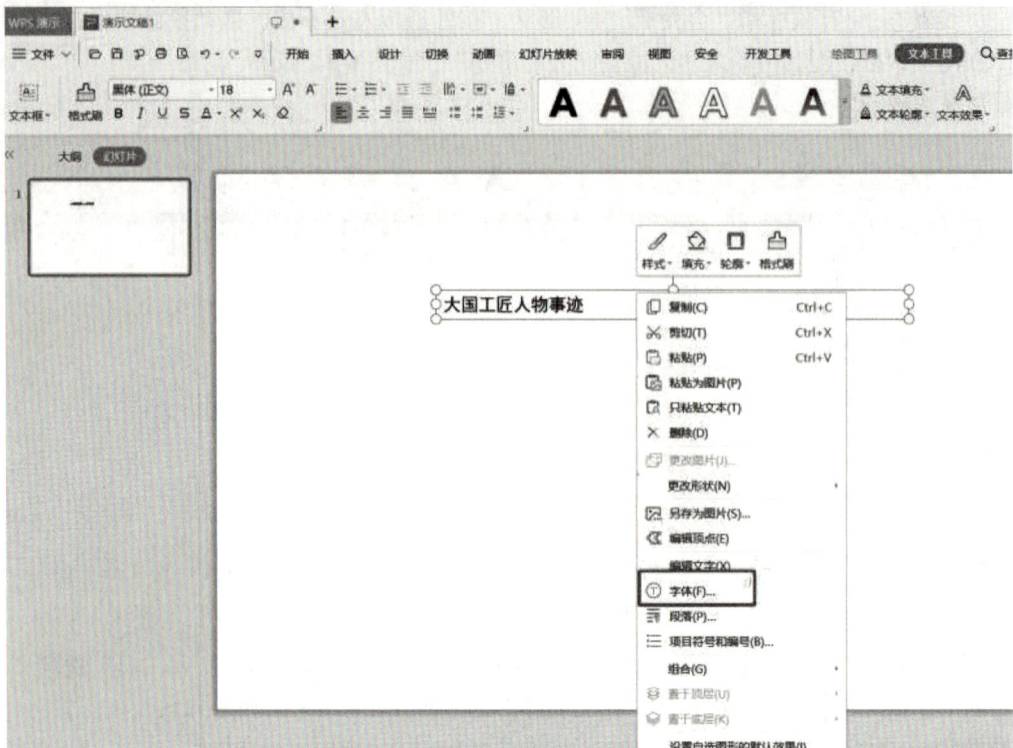

图3-36　右键调整字体字号

　　在弹出的"字体"对话框中，单击"字体"选项卡，在"中文字体"下拉列表框中选择"宋体"，"字号"下拉列表框中选择"72"，如图3-37所示。

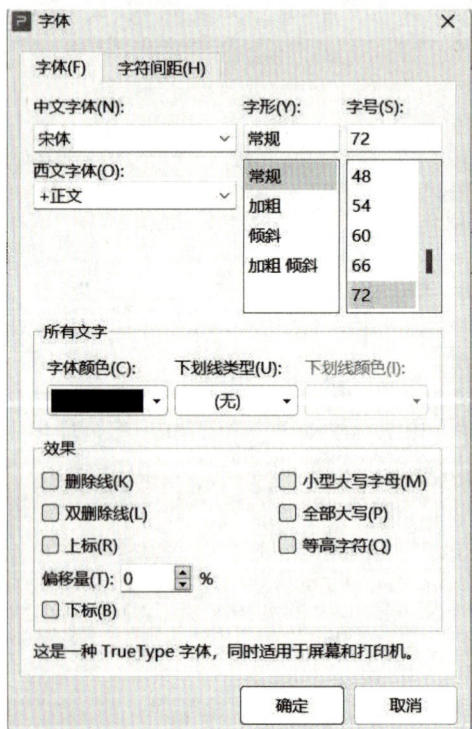

图3-37　"字体"对话框

设置完成后的效果如图3-38所示。

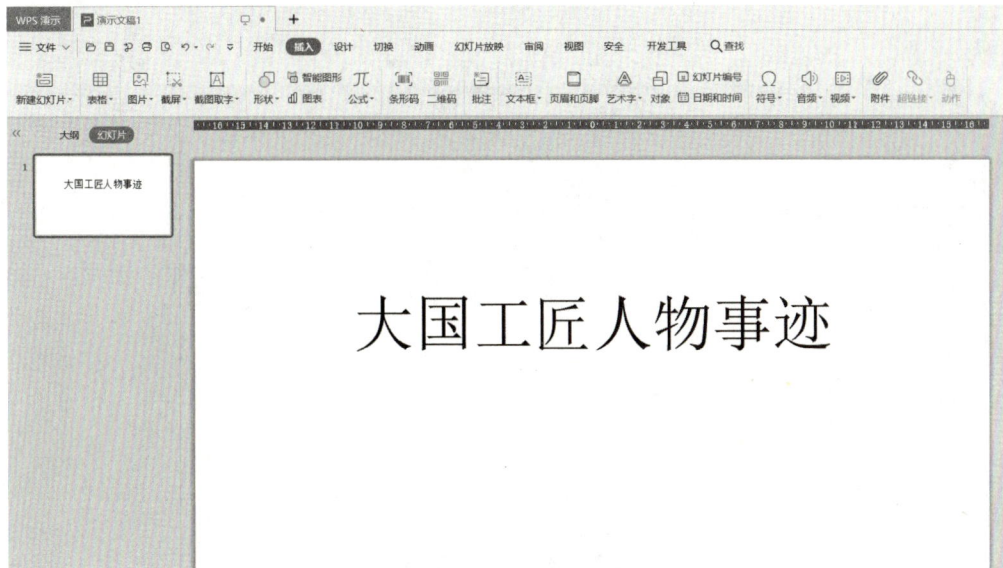

图3-38　设置后的文本框

步骤4　为了使文本框更美观，可以对文本框进行填充和轮廓设置。选中文本"大"，采取步骤3中的方法对其进行设置，并设置字号为"96"，在功能区里选择"文本工具"选项卡中"样式"库里的"填充-沙棕色，着色2，轮廓着色2"预设样式，效果如图3-39所示。

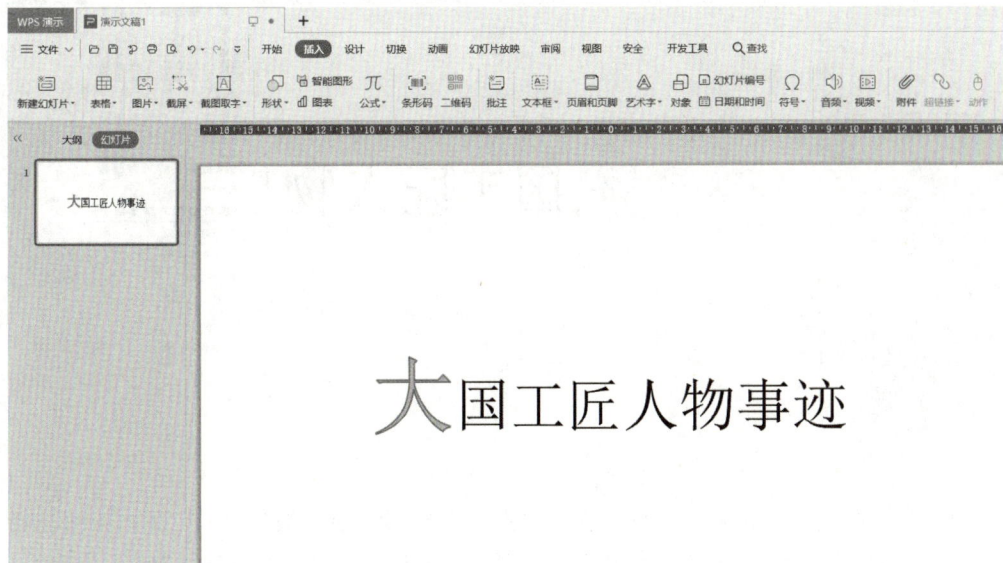

图3-39　设置"大"字体

步骤5　使用同样的方法，插入一个横向文本框，输入"大国工匠 匠心筑梦"，设置字体为"宋体"，字号为"32"，如图3-40所示。

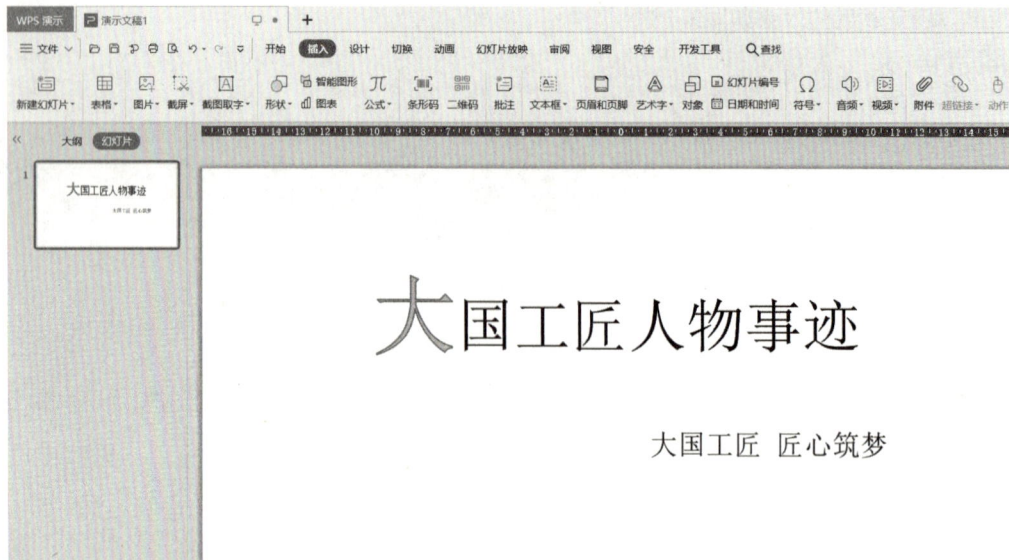

图3-40　新增1个文本框

步骤6　选中"大国工匠 匠心筑梦"文字，单击"文本工具"选项卡中的"文本填充"下拉按钮，选择"其他字体颜色"命令，如图3-41所示。

图3-41　设置文本框填充色

步骤7　弹出"颜色"对话框，在"自定义"选项卡中"颜色模式"下拉按钮选择"RGB"选项，调整"红色""绿色""蓝色"微调按钮使它们的值分别为"2""23"和"180"，如图3-42所示。

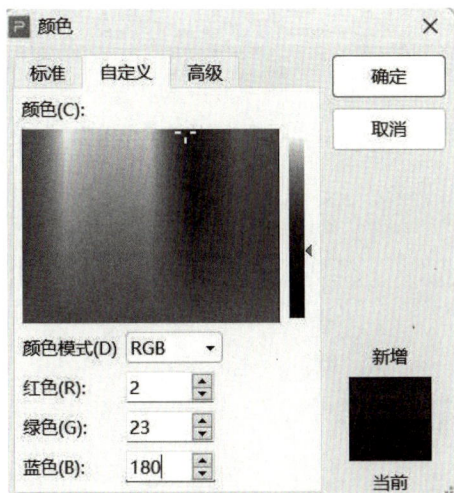

图3-42　"颜色"对话框

七、图片插入

在日常使用过程中，图片已经成为演示文稿的必备要素之一，好的图片可以让画面更美观、主题更突出，从而获得更佳的演示效果。用户可以从本地图片、线上图库、手机传图中插入图片，这里以插入本地图片为例进行介绍。

步骤1　单击"插入"选项卡中的"图片"下拉按钮，在弹出的下拉菜单中选择"本地图片"命令，如图3-43所示。

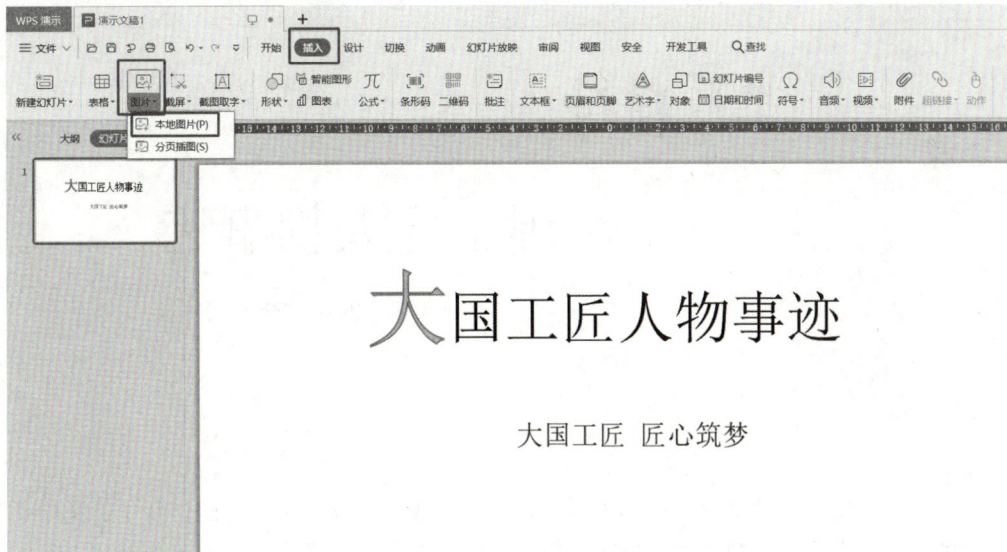

图3-43　插入本地图片

步骤2　在弹出的"插入图片"对话框中找到本地存放的"wps演示.png"图片，如图3-44所示。单击"打开"按钮，此时就将图片插入幻灯片中，选中插入的图片，按住鼠标左键拖到合适位置，效果如图3-45所示。

图3-44　选择图片

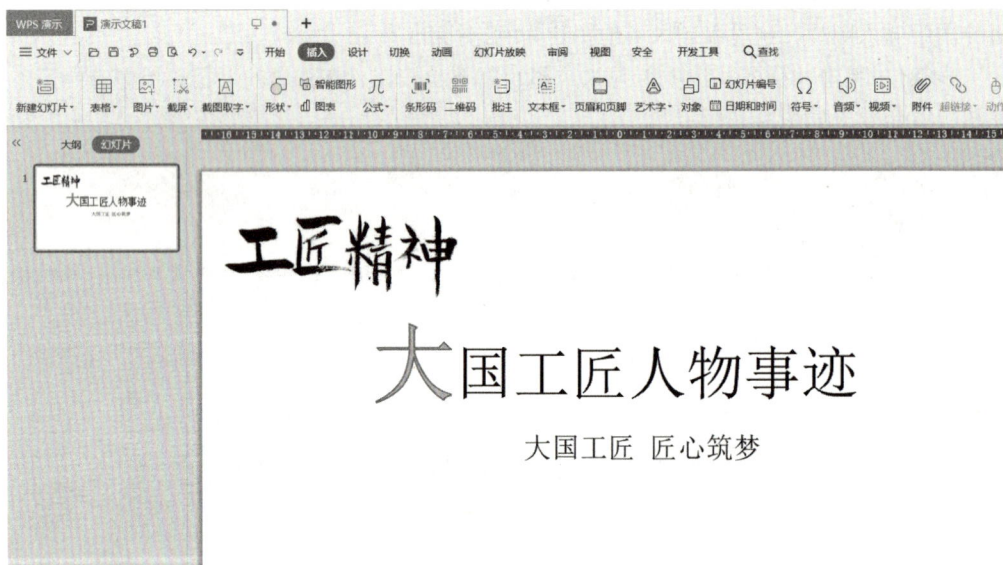

图3-45　插入图片效果

可以使用鼠标右键更改已经插入的图片，具体操作步骤如下：在幻灯片中，选中要更改的图片，右击，在弹出的右键菜单中选择"更改图片"命令，即可重新选择上传的图片，如图3-46所示。

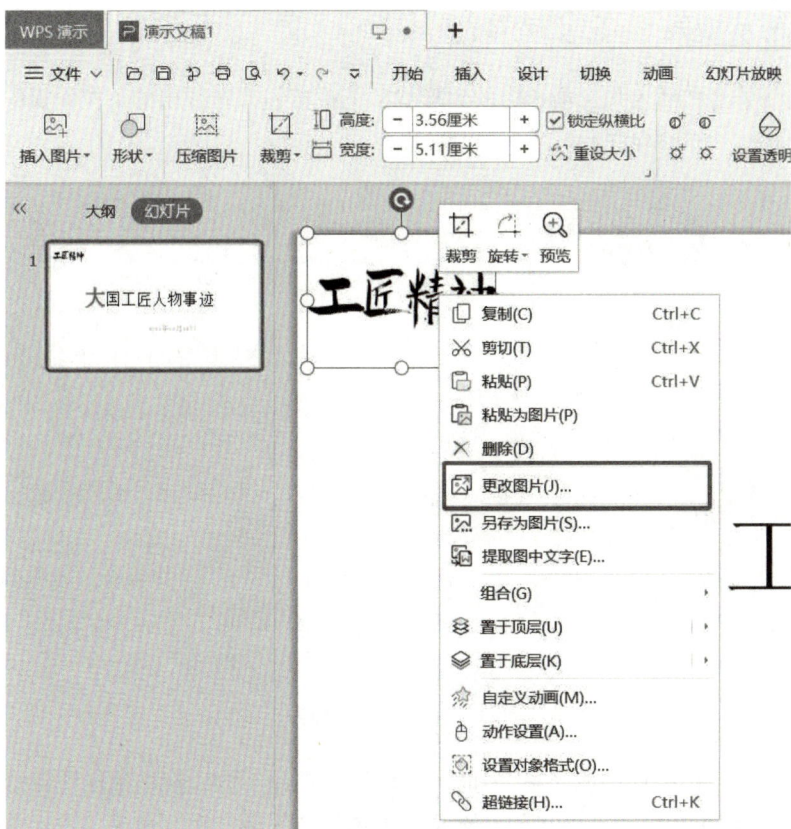

图3-46　更改图片

为了美观，可以对图片进行属性设置，具体操作步骤如下：在幻灯片的编辑区中，选中要设置的图片，右击，在弹出的右键菜单中选择"设置对象格式"命令，即可打开右侧的"对象属性"任务窗格，在该任务窗格中可以设置该图片的填充、大小、线条等属性，如图3-47所示。

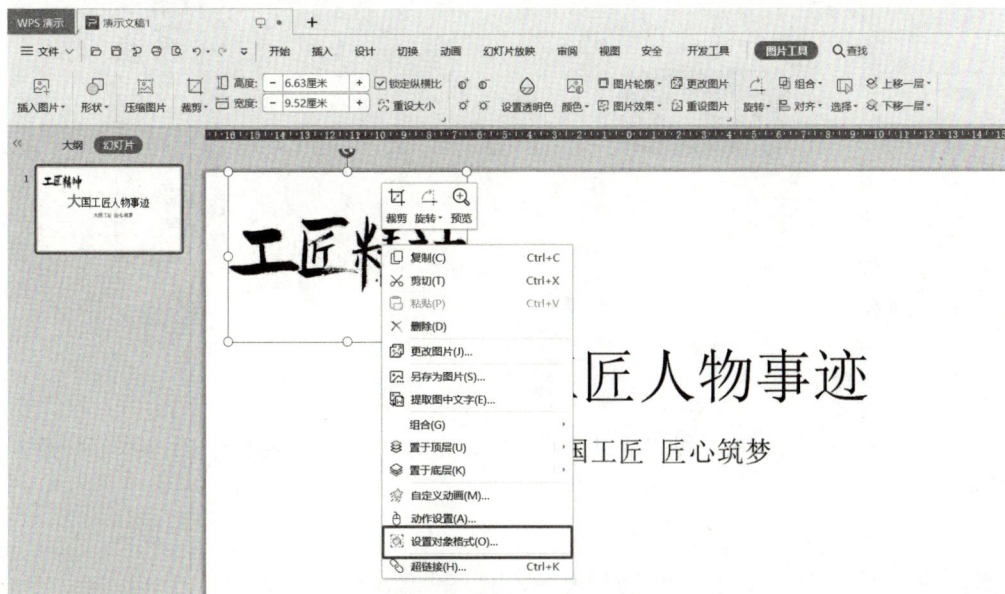

图3-47　设置图片属性

八、形状插入

步骤1 单击"插入"选项卡中的"形状"下拉按钮，在弹出的下拉面板中选择"圆角矩形"命令，如图3-48所示。

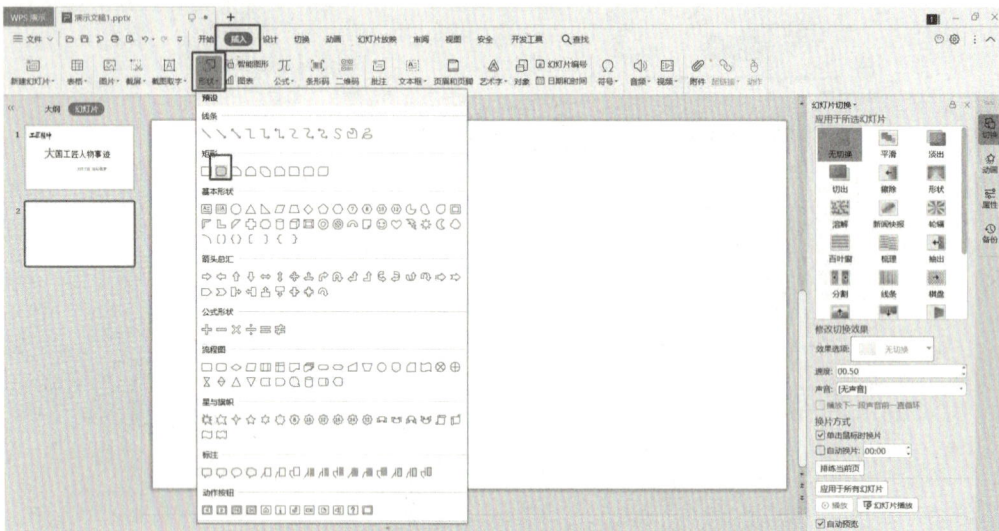

图3-48 插入形状

步骤2 当鼠标指针变成"+"号时，按住鼠标左键不放，拖动鼠标即可绘制一个圆角矩形，右击圆角矩形，在弹出的右键菜单中选择"编辑文字"命令，输入文字"工匠精神"，并按照设置文本框字体属性的方法将字体设置为"宋体""48"，圆角矩形默认为蓝色，如图3-49所示。

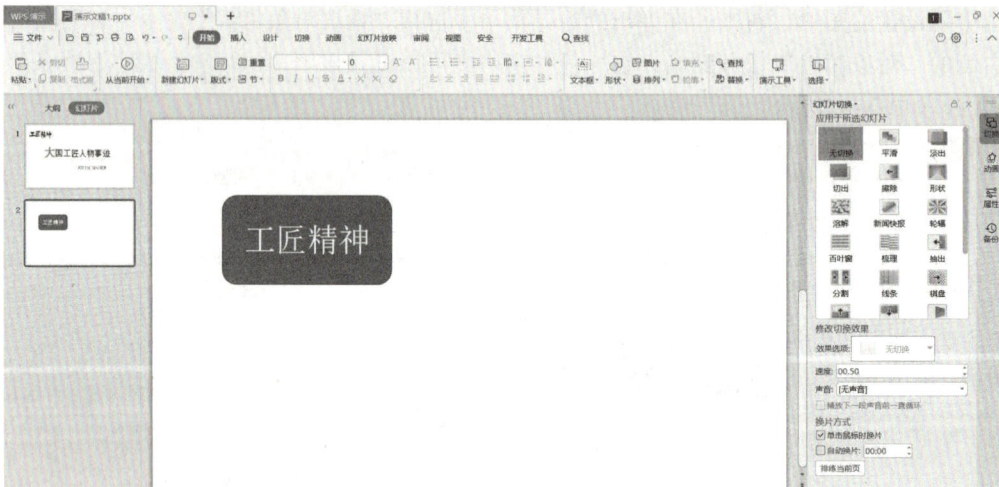

图3-49 插入圆角矩形

另外，在演示文稿中，可以通过上述方法，为幻灯片插入各类直线、曲线和任意多边形。

任务三

WPS演示的排版

任务概述

熟练掌握段落设置、项目符号和编号、文本框设置、对象的组合与排列、表格编辑。

一、段落设置

为了幻灯片中的文字显示得更加美观和易于理解，经常需要对文字段落进行设置，在幻灯片中打开段落设置对话框有如下几种方法。

方法1　在打开的演示文稿中，选择一张幻灯片，选中一个对象，单击"开始"选项卡，在"段落"按钮区域进行相应快速设置，如图3-50所示。

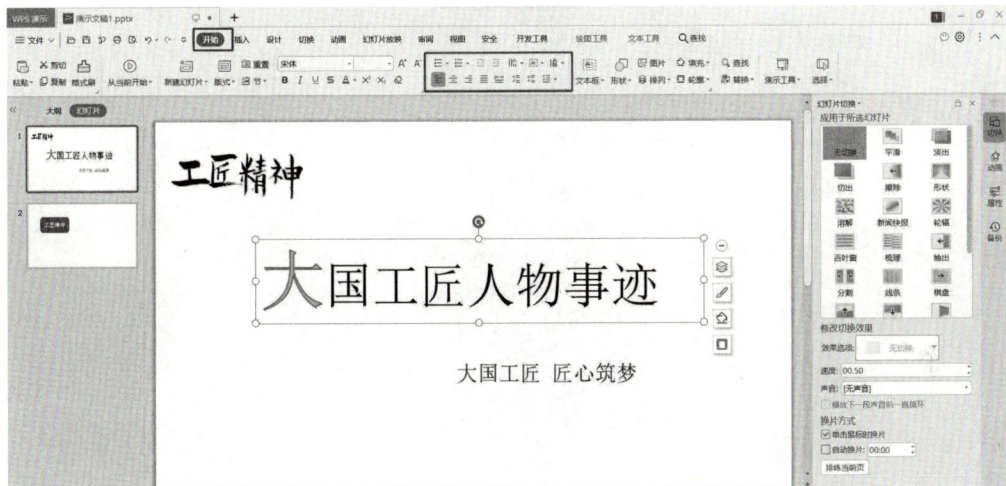

图3-50　"开始"菜单设置段落格式

方法2　在幻灯片中，选中一个对象，右击，在弹出的右键菜单中选择"段落"命令，如图3-51所示。

图3-51　右键设置段落格式

在打开的"段落"设置对话框中，单击"缩进和间距"选项卡，设置对齐方式为"居中"，行距为"1.5倍行距"，如图3-52所示。

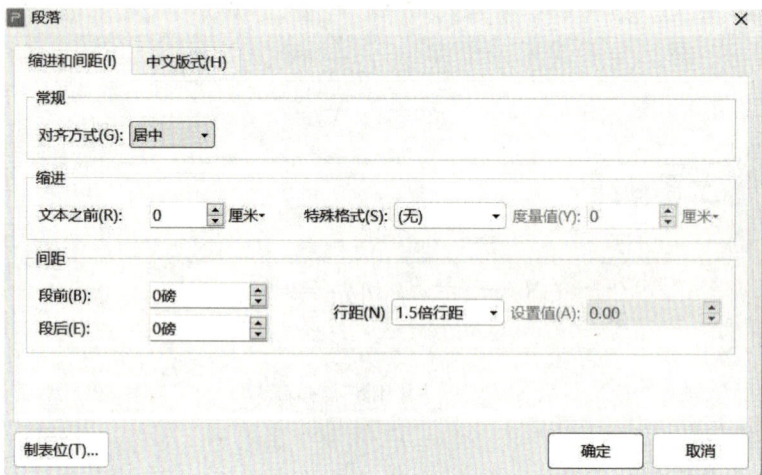

图3-52　段落设置

二、项目符号和编号

在幻灯片中可以设置项目符号以及编号，有如下几种方法。

方法1　在打开的演示文稿中，在一张幻灯片中选中一个对象，单击"开始"选项卡中的"项目符号"下拉按钮，在弹出的"预设项目符号"下拉面板中选择"正方形"预设符号，如图3-53所示。

单击"开始"选项卡中的"编号"下拉按钮，在弹出的下拉面板中选择数字编号，效果如图3-54所示。

方法2　在幻灯片，选中一个对象，右击，在弹出的右键菜单中选择"项目符号和编号"命令，如图3-55所示。

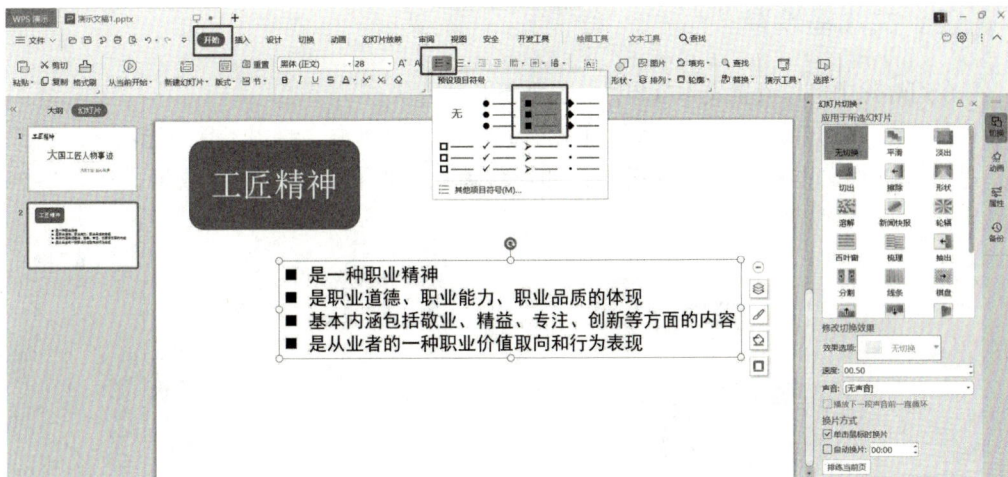

图3-53　"开始"菜单设置项目符号

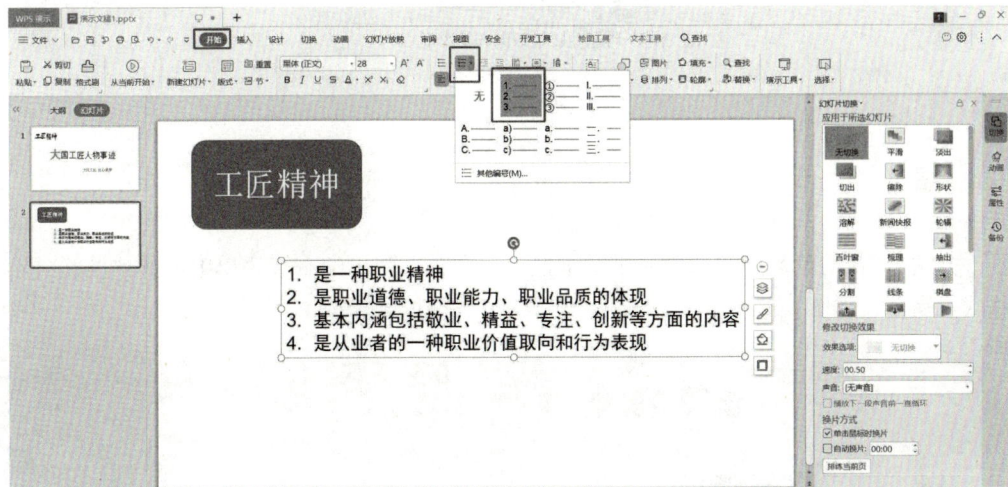

图3-54　"开始"菜单设置项目编号

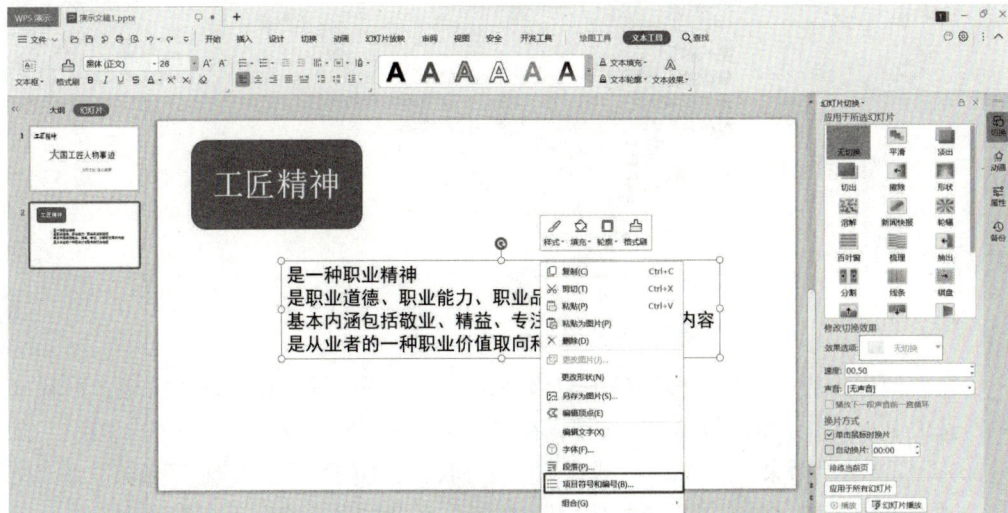

图3-55　右键设置项目符号和编号

三、文本框设置

在幻灯片中可以设置文本框属性，有如下几种方法。

方法1 在幻灯片中选中一个文本框，在功能区中单击"绘图工具"选项卡，在工具栏中可以对文本框进行各种操作，如形状填充、形状轮廓、形状效果，如图3-56所示。

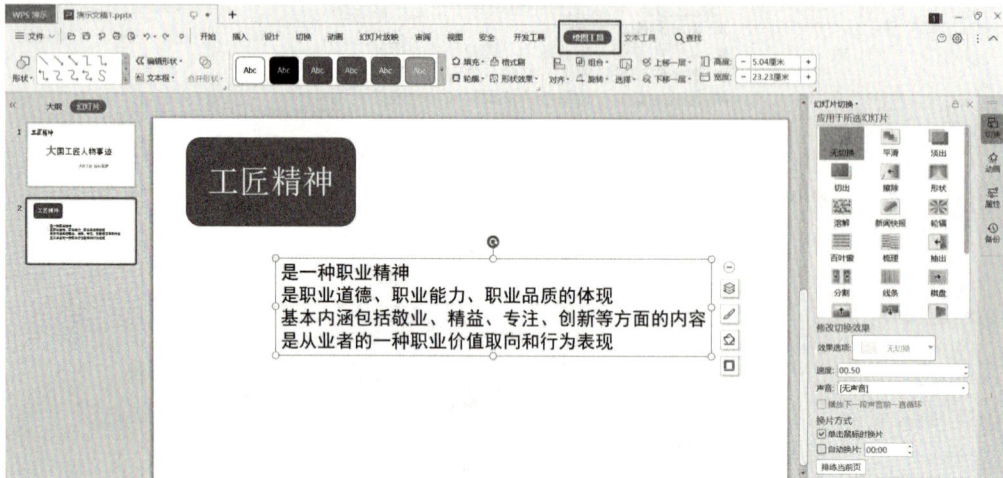

图3-56 "绘图工具"设置文本框

方法2 在幻灯片中，选中一个文本框，右击，在弹出的右键菜单中选择"设置对象格式"命令，如图3-57所示。

图3-57 右键菜单设置文本框

在右侧弹出的"对象属性"任务窗格中，进行如下设置：在该任务窗格"形状选项"选项卡中单击"填充与线条"按钮，在"填充"下拉列表中选择"金色，着色2，浅色80%"，单击"效果"按钮，在"阴影"下拉列表框中选择"居中偏移"选项。在"文本选项"选项卡中，单击"域充与轮廓" 按钮，在"文本填充"下拉列表中选择"浅绿，着色6"选项，效果如图3-58所示。

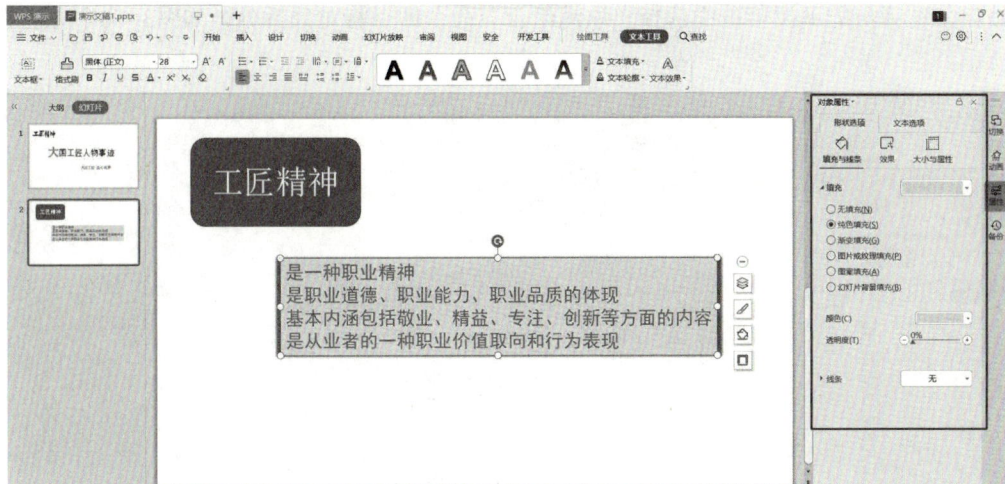

图3-58　文本框设置效果

四、对象的组合与排列

1.对象的组合与拆分

在演示文稿中，可以将多个对象进行组合操作，可将组合后的对象看作一个对象。具体组合与拆分方式有3种方法。

方法1　在一张幻灯片中，按住Ctrl键不放，拖动鼠标选中多个对象，此时单击在功能区出现的"绘图工具"选项卡，单击"组合"下拉按钮，在弹出的下拉菜单中选择"组合"命令，就可将这几个对象组合成一个对象，如图3-59中方法1所示。组合后的对象可以整体移动或设置属性。

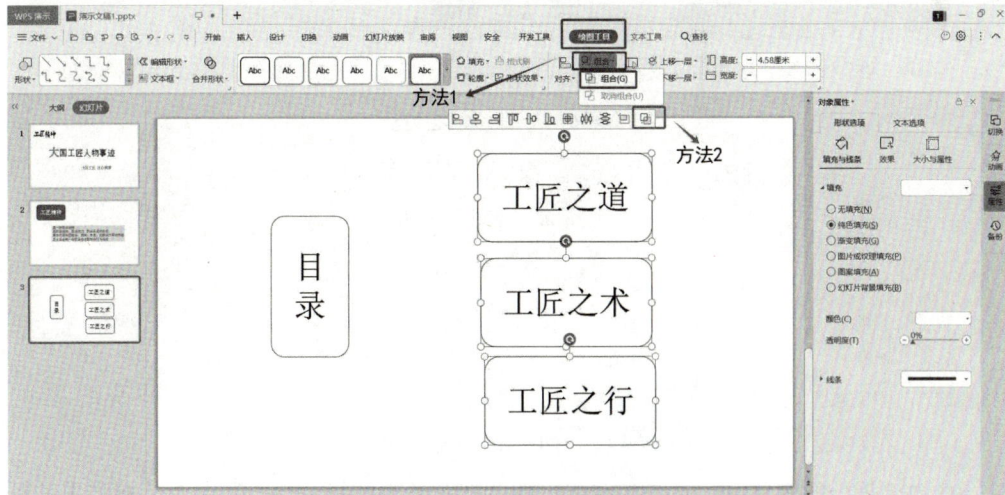

图3-59　功能区和浮动工具栏"组合"对象

若要拆分对象则选中要拆分的对象后，在"绘图工具"选项卡中单击"组合"下拉按钮，在弹出的下拉菜单中选择"取消组合"命令即可将对象拆分，如图3-60中方法1所示。

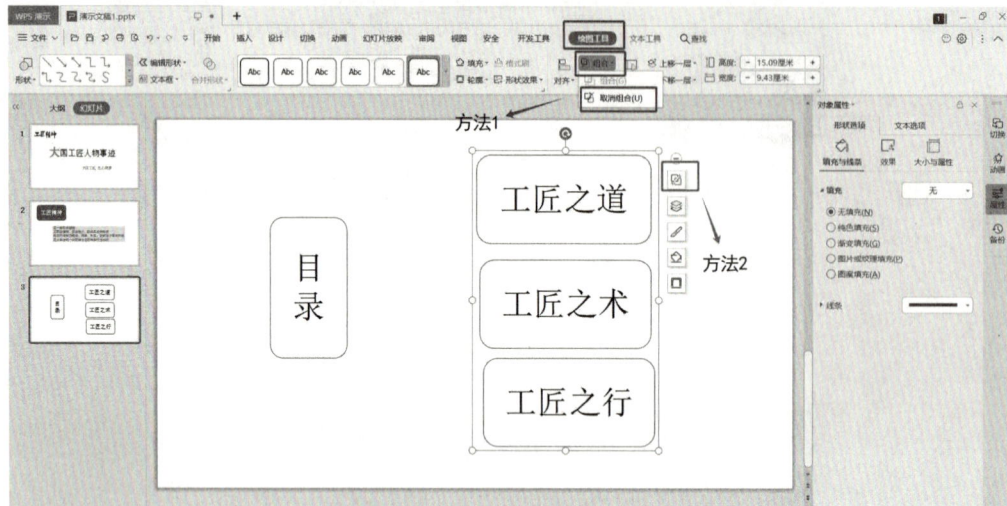

图3-60　功能区和浮动工具栏"拆分"对象

方法2　在一张幻灯片中，按住Ctrl键不放，拖动鼠标选中多个对象，此时会自动显现出浮动工具栏，可以单击浮动工具栏上"组合"按钮，即可将这几个对象组合成一个对象，如图3-59中方法2所示。若要拆分对象，可以选中要拆分的对象，在浮动工具栏中单击"取消组合"按钮即可将对象拆分，如图3-60中方法2所示。

方法3　可以通过选中要组合的对象后，右击，在弹出的右键菜单中选择"组合"命令，在弹出的子菜单中选择"组合"命令来组合对象，如图3-61所示。

图3-61　鼠标右键"组合"对象

选中要拆分的对象后，右击，在弹出的右键菜单中选择"组合"命令，在弹出的子菜单中选择"取消组合"命令来拆分对象，如图3-62所示。

图3-62　鼠标右键"拆分"对象

2.批量调整对象

在演示文稿中，可以对多个对象同时调整其大小尺寸，具体有如下两种方法。

方法1　快捷键批量调整对象尺寸。在一个幻灯片中，按住鼠标左键不放，拖动鼠标使其同时选中多个对象，此时功能区弹出"绘图工具"选项卡，在"高度"和"宽度"微调按钮框中批量设置高度和宽度，如图3-63所示。

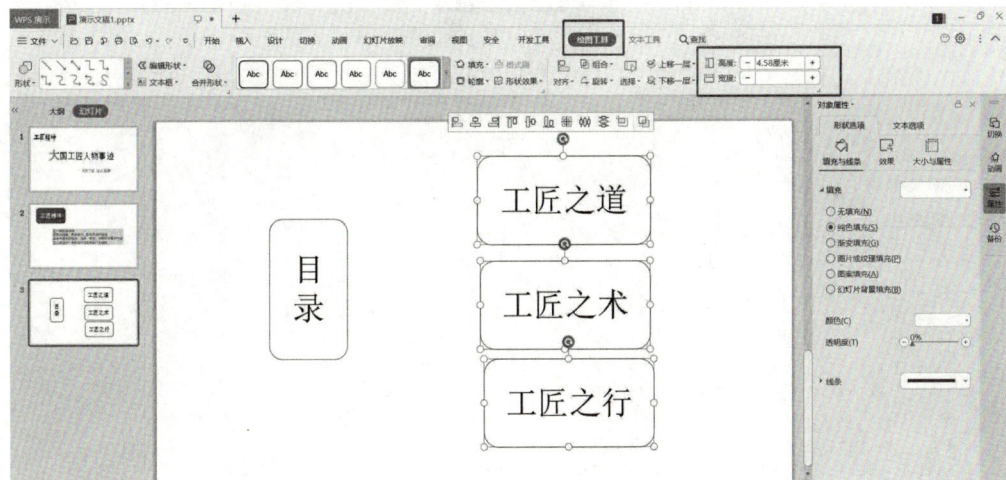

图3-63　快捷键批量调整对象尺寸

方法2　鼠标右键设置尺寸。在一个幻灯片中，按住鼠标左键不放，拖动鼠标使其同时选中多个对象，右击，在弹出的右键菜单中选择"设置对象格式"命令，在右侧弹出"对象属性"任务窗格，在该窗格中单击"形状选项"选项卡中的"大小与属性"按钮，在"高度"和"宽度"微调按钮框中批量设置高度和宽度，如图3-64所示。

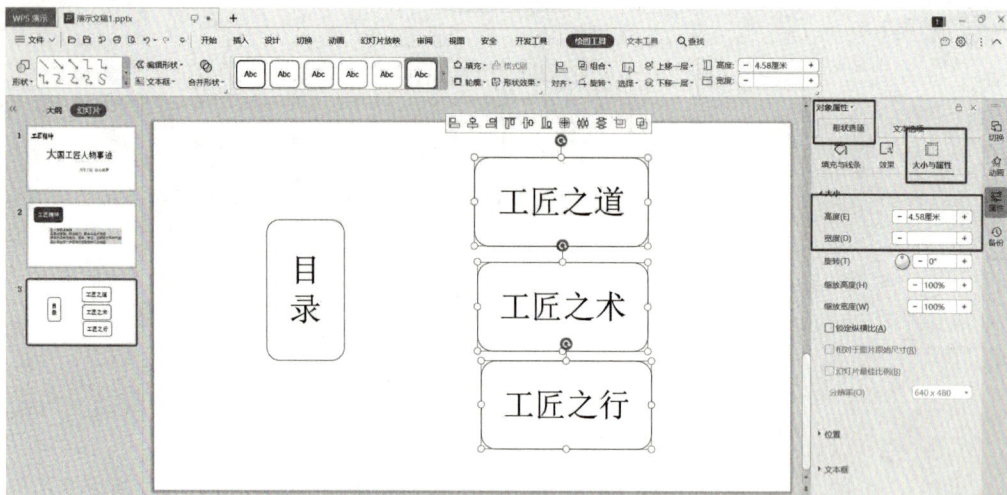

图3-64 右键打开对象属性设置尺寸

3.对象对齐

在一个幻灯片中，按住鼠标左键不放，拖动鼠标使其同时选中多个对象，此时功能区中弹出"绘图工具"选项卡，在该选项卡中单击"对齐"下拉按钮，可以在弹出的下拉菜单中选择对齐方式，如图3-65所示。

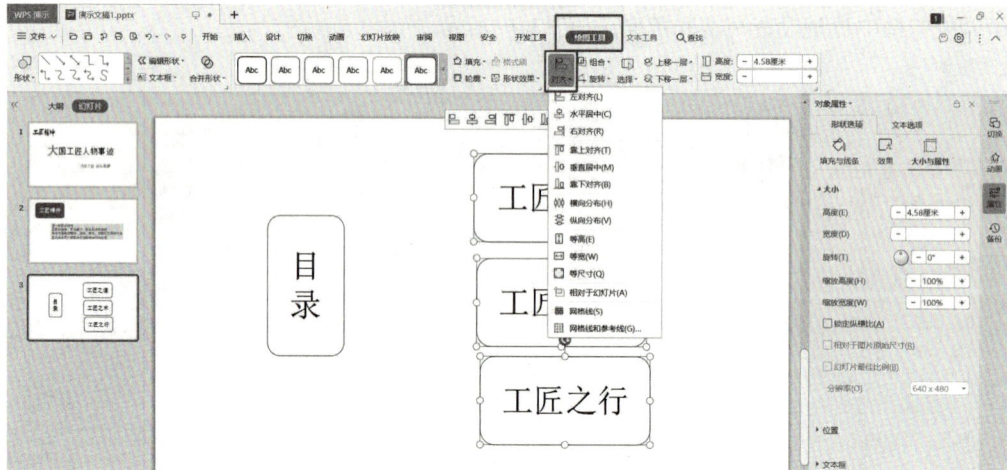

图3-65 选择对齐方式

五、表格编辑

1.插入表格

这里以插入一个4×5的表格为例。

方法1 单击"插入"选项卡中的"表格"下拉按钮，然后在弹出的下拉面板中直接拖动鼠标选择行列数后单击即可完成表格的插入，如图3-66所示。

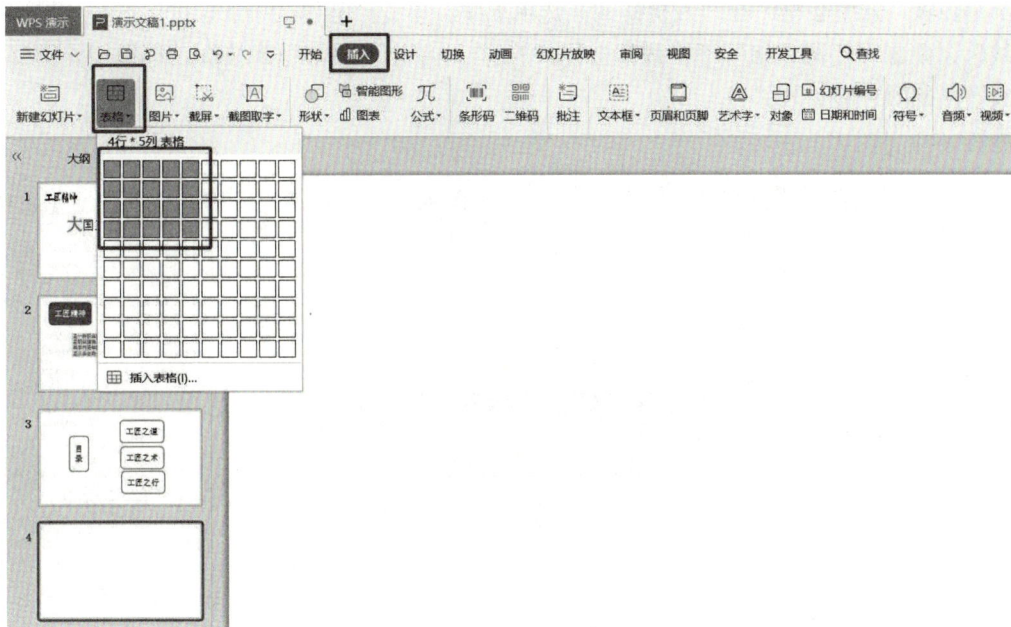

图3-66　拖动鼠标选择表格行列数

方法2　可以单击"插入"选项卡中的"表格"下拉按钮，在弹出的下拉面板中选择"插入表格"命令在幻灯片中新建表格，如图3-67所示。

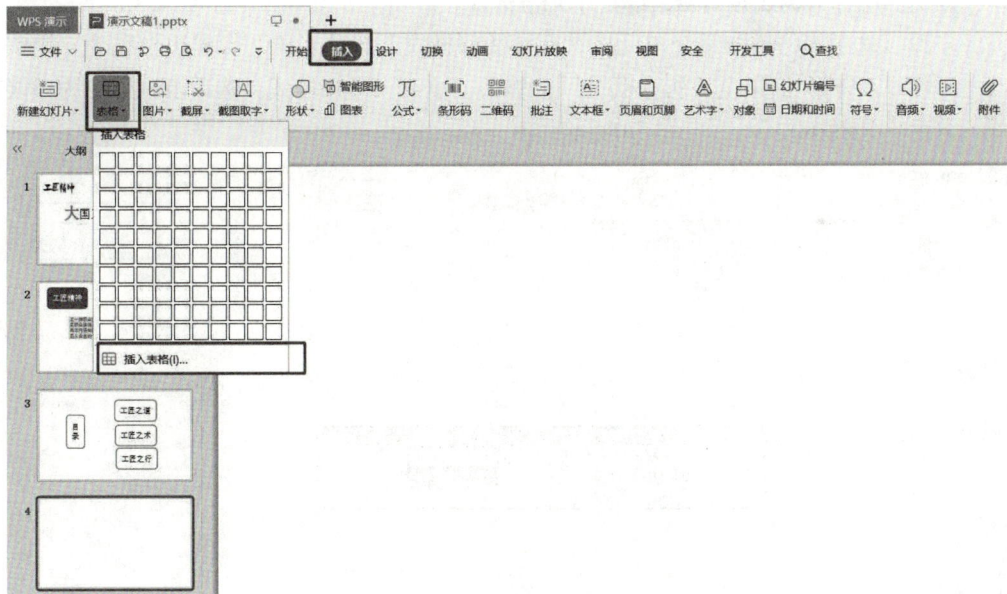

图3-67　"插入表格"命令

在弹出的"插入表格"对话框中输入行数为4、列数为5，就可以创建一个4×5的表格，如图3-68所示。

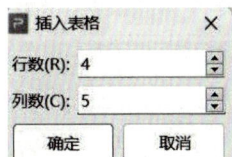

2.编辑表格框线

以图3-68插入的表格为例，设置框线。

图3-68　"插入表格"对话框

步骤　选中表格，在"表格样式"选项卡中，单击"笔样式"下拉按钮选择"黑实线"，单击"笔画粗细"下拉按钮选择"3磅"，单击"边框"下拉按钮选择"外侧框线"，如图3-69所示。

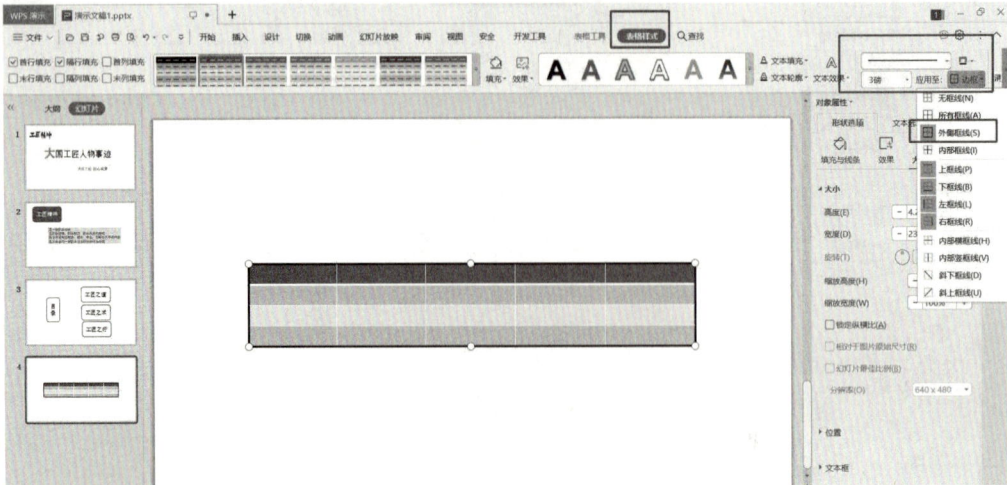

图3-69　编辑表格框线

3.设置单元格格式

以图3-68插入的表格为例，设置单元格格式。

步骤　选中表格中的某个单元格，在"表格样式"选项卡中，设置边框线为"黑实线"，将"4.5磅"应用至"所有框线"，单击"填充"下拉按钮，选择填充颜色为"浅绿，着色6，浅色60%"，如图3-70所示。

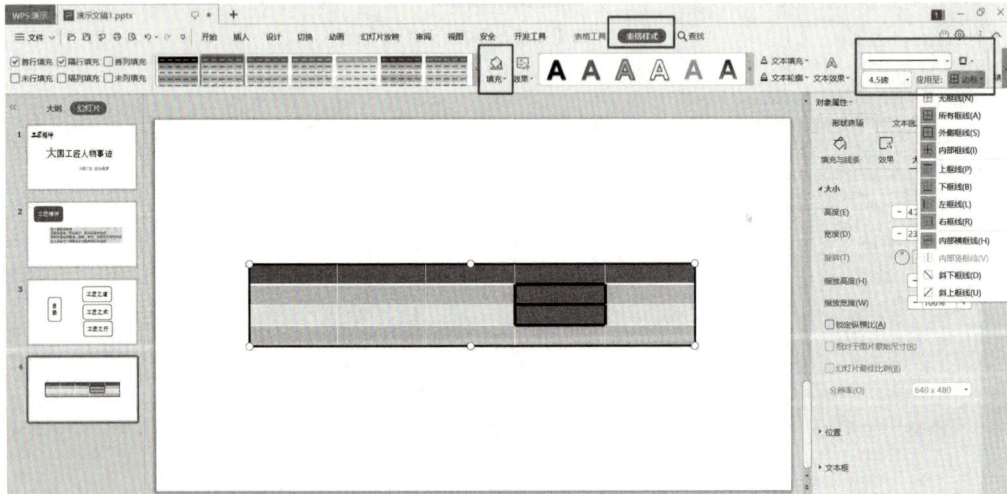

图3-70　设置单元格格式

4.使用表格的主题样式

在演示文稿中，可以对表格应用主题样式，使得表格更为清晰、美观。

步骤 选中表格，在"表格样式"选项卡中的预设样式库选择合适的主题样式，以图3-68插入的表格为例，将它的样式设为"中度样式2-强调4"，如图3-71所示。

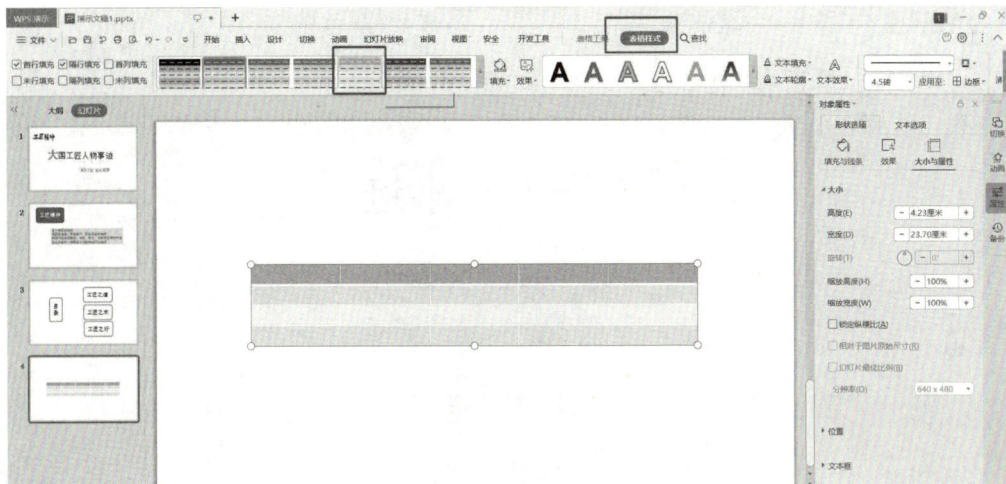

图3-71 设置表格样式

任务四

WPS演示的动画制作

任务概述

熟练掌握页面切换效果设置、动画设置、自定义动画、预览动画效果。

一、页面切换效果设置

步骤1 打开已有的演示文稿"大国工匠人物事迹.pptx"，选中第1张幻灯片，单击"切换"选项卡，然后在工具栏展开的切换效果库中选择"淡出"效果，如图3-72所示。

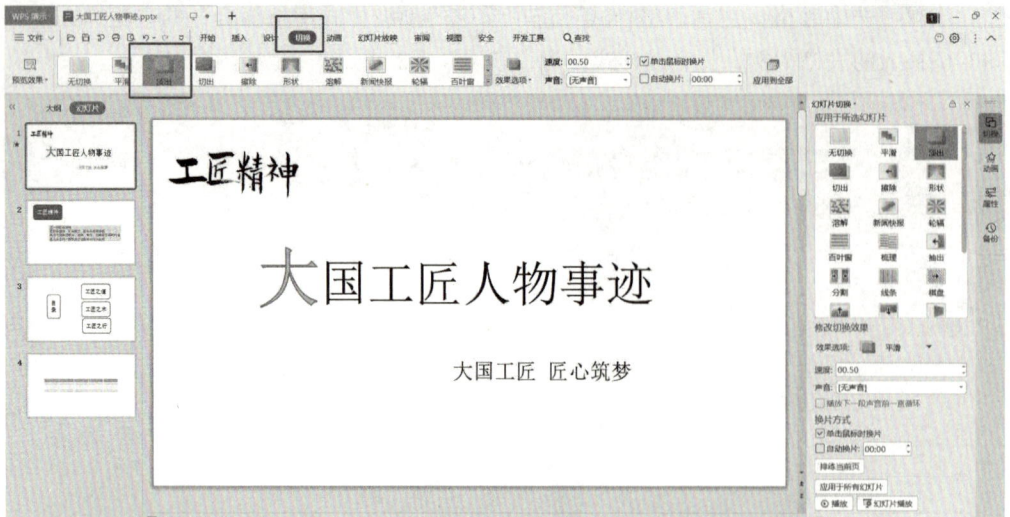

图3-72　页面"淡出"切换

步骤2　可以对幻灯片切换设置切换速度和切换声音，将"切换"选项卡的"速度"微调按钮框中设置为"04.00"，声音下拉菜单中选择"风铃"选项勾选"单击鼠标时换片"复选框，如图3-73所示。

图3-73　设置切换速度和声音

步骤3　可以单击"切换"选项卡的"应用到全部"按钮将刚刚设置的幻灯片切换效果应用到所有幻灯片。另外，可以单击软件界面右侧的"切换"按钮，打开"幻灯片切换"任务窗格，在此处可以对所有幻灯片进行设置。将所有幻灯片设置为"梳理"切换，"速度"微调按钮框中设置为"1.75"，"声音"下拉菜单中选择"打字机"，"换片方式"栏中勾选"单击鼠标时换片"和"自动预览"复选框，如图3-74所示。

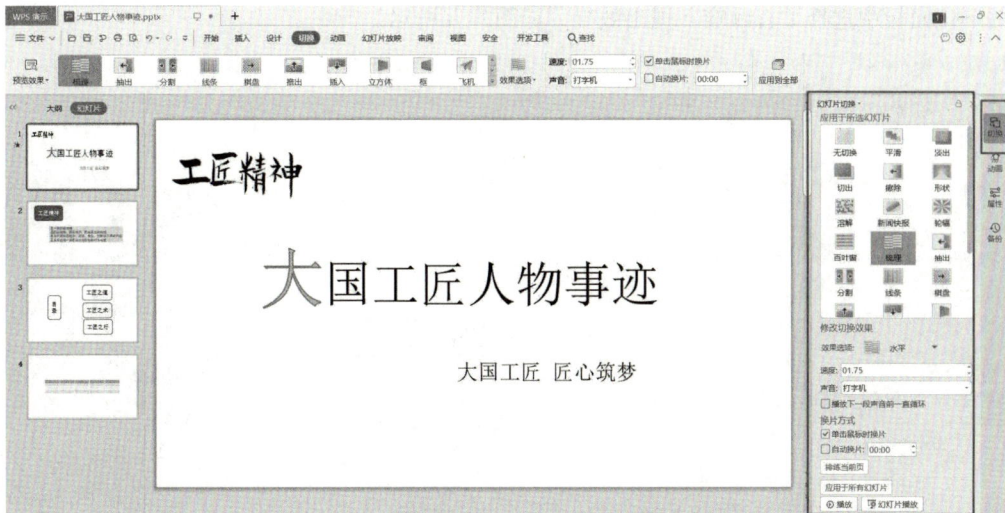

图3-74　幻灯片切换设置

二、动画设置

幻灯片中对象的动画效果可以分为进入动画、退出动画、强调动画、动作路径，前3种动画效果设置的具体操作步骤如下。

1.进入动画

打开已有的演示文稿"大国工匠人物事迹.pptx"，选中幻灯片中的一个对象，此处以一个文本框对象为例，在功能区中单击"动画"选项卡，然后在工具栏展开的"动画效果"库中选择"出现"进入效果，如图3-75所示。

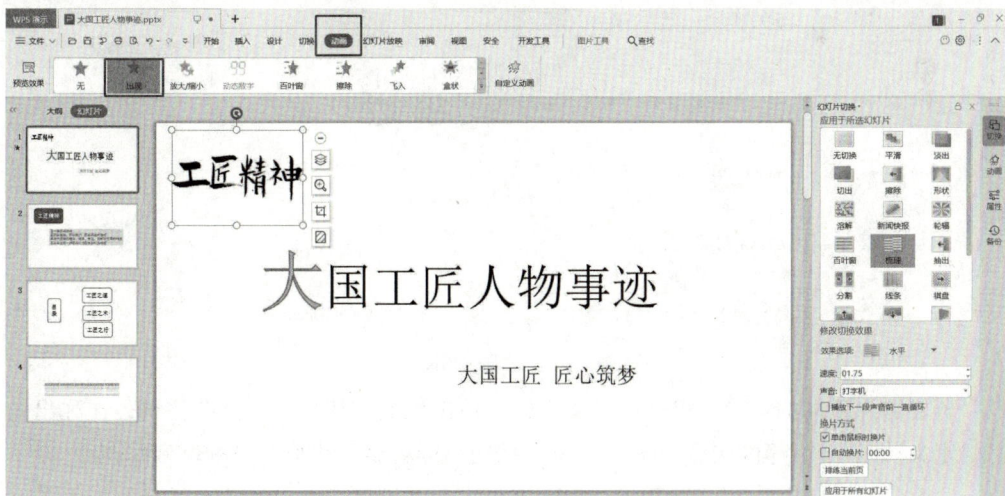

图3-75　进入动画设置

2.退出动画

选中该文本框，切换到"动画"选项卡，单击"动画效果"下拉扩展按钮，在展开的下拉面板中选择"百叶窗"退出效果，如图3-76所示。

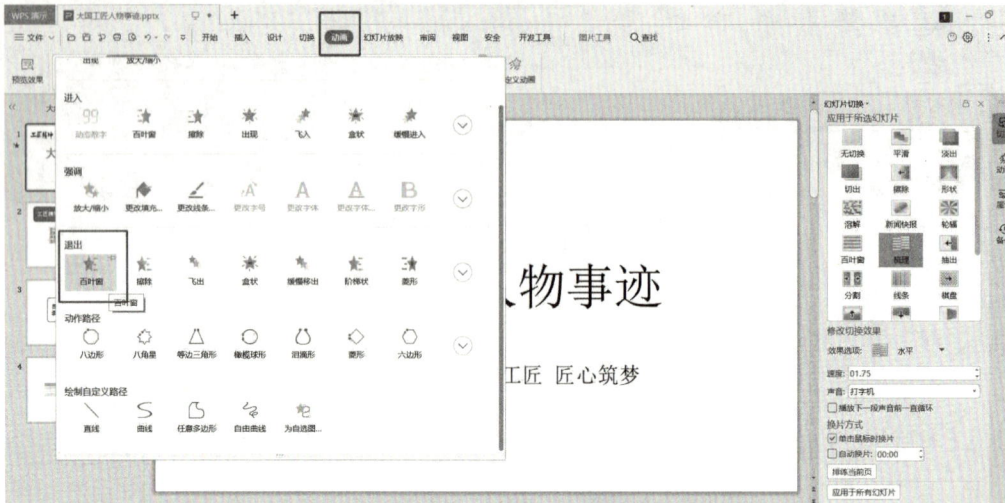

图3-76　退出动画设置

3.强调动画

选中该文本框，在功能区中单击"动画"选项卡中的"动画效果"下拉扩展按钮，在展开的下拉面板中选择"放大/缩小"强调效果，如图3-77所示。

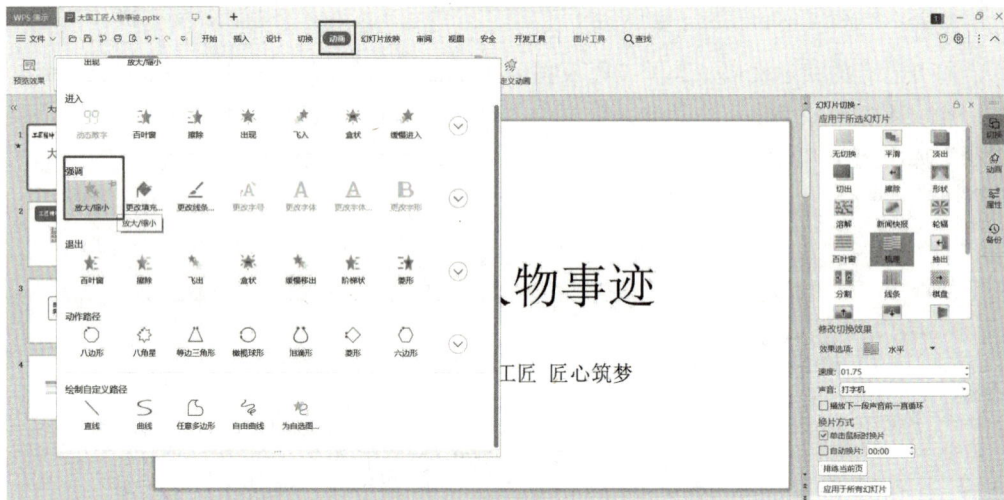

图3-77　强调动画设置

若要删除添加的动画，可选中该文本框，单击界面右侧的"动画"按钮，在弹出的"自定义动画"任务窗格中，单击"删除"按钮，即可删除动画，如图3-78所示。

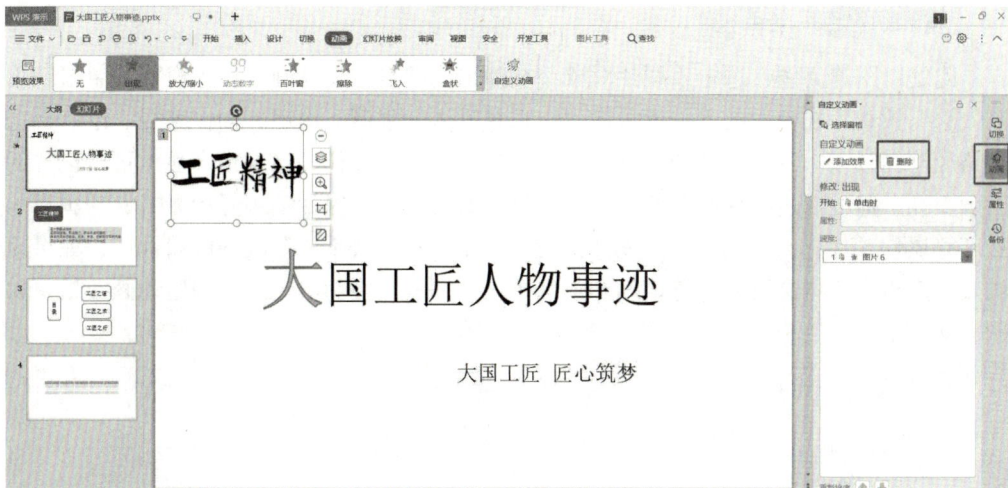

图3-78　删除动画设置

三、自定义动画

在演示文稿中可以对对象进行自定义动画，自定义动画主要操作都是在"自定义动画"任务窗格中完成，此处介绍如何打开"自定义动画"任务窗格、设置自定义动画以及修改已有动画。

1.打开"自定义动画"任务窗格

方法1　鼠标右键打开。单击幻灯片中一个对象，此处以一个图片为例，右击，在弹出的右键菜单中选择"自定义动画"命令，即可打开"自定义动画"任务窗格，如图3-79中方法1所示。

方法2　在功能区中打开。选中上述图片对象，切换到"动画"选项卡，单击"自定义动画"按钮，即可打开"自定义动画"任务窗格，如图3-79中方法2所示。

方法3　任务窗格按钮打开。选中上述图片对象，单击界面右侧"动画"按钮，即可打开"自定义动画"任务窗格，如图3-79中方法3所示。

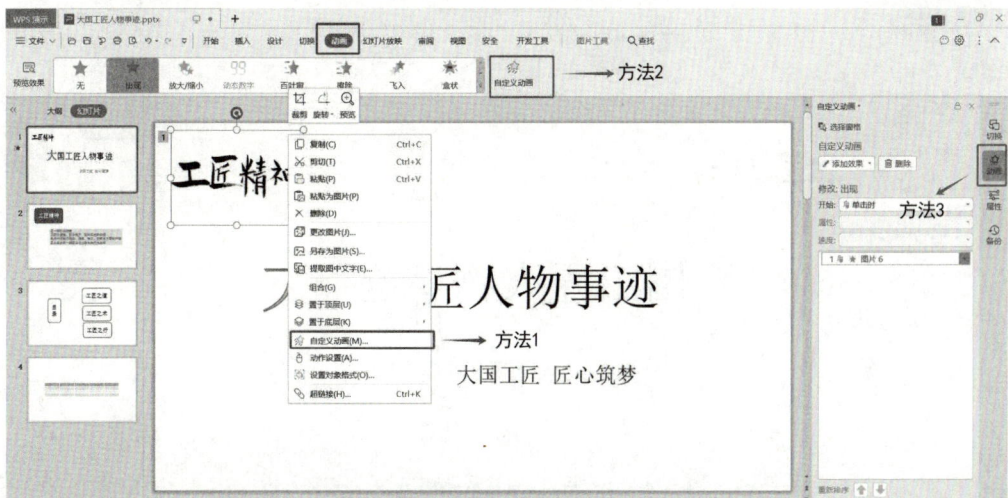

图3-79　打开"自定义动画"任务窗格

2.设置自定义动画

此处以图片为例，选中该图片对象，在弹出的"自定义动画"任务窗格中单击"添加效果"按钮，在弹出的下拉面板中可以选择进入、强调、退出，动作路径、绘制自定义路径动画效果。选择不同的动画效果在"自定义动画"任务窗格中会显示可以设置的动画属性，此处以进入动画百叶窗效果为例，可以继续设置如动画开始方式、动画显示速度等属性。勾选"自动预览"复选框时，当添加动画效果或修改动画属性后，如果动画效果产生变化则会自动预览该动画。当单击"播放"按钮时也可以预览动画效果，如图3-80所示。

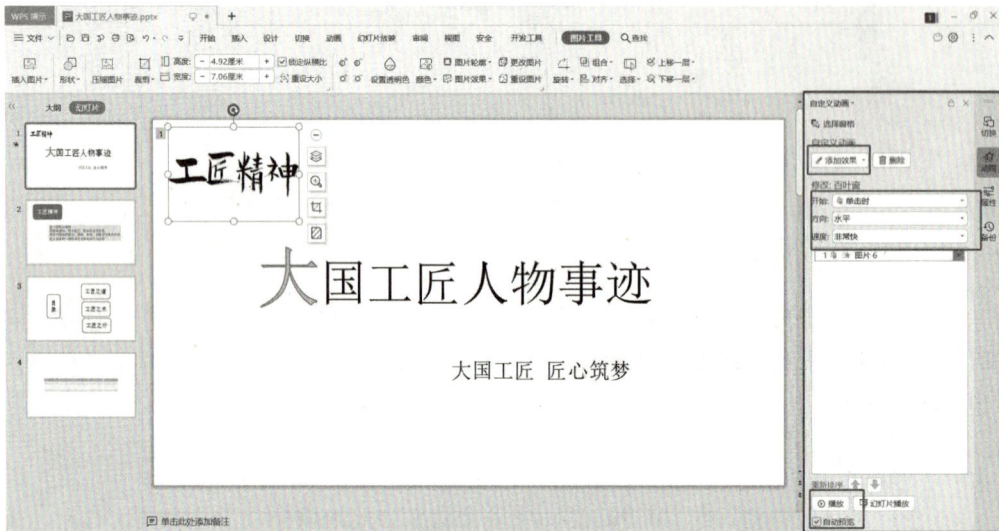

图3-80　设置自定义动画

3.修改动画

单击选中"自定义动画"任务窗格中已设置的动画后，单击"更改"按钮可以更改动画类型或者修改动画的属性，单击"删除"按钮可以删除选中的动画，如图3-81所示。

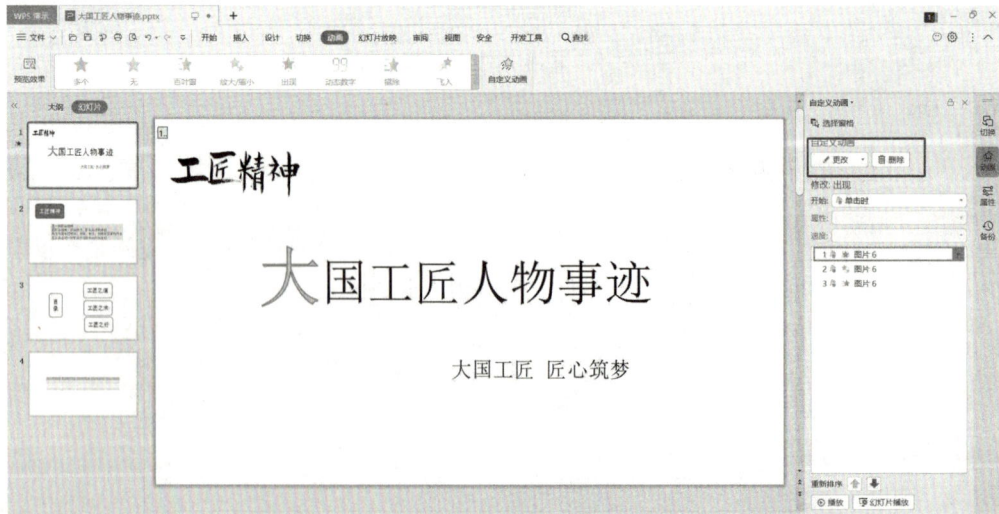

图3-81　修改自定义动画

四、预览动画效果

除了在上述介绍的"自定义动画"任务窗格中"自动预览"选项和"播放"按钮可以预览动画效果，用户还可以通过以下方式预览动画效果。

在功能区单击"动画"选项卡中的"预览效果"按钮，即可预览动画效果，如图3-82所示。

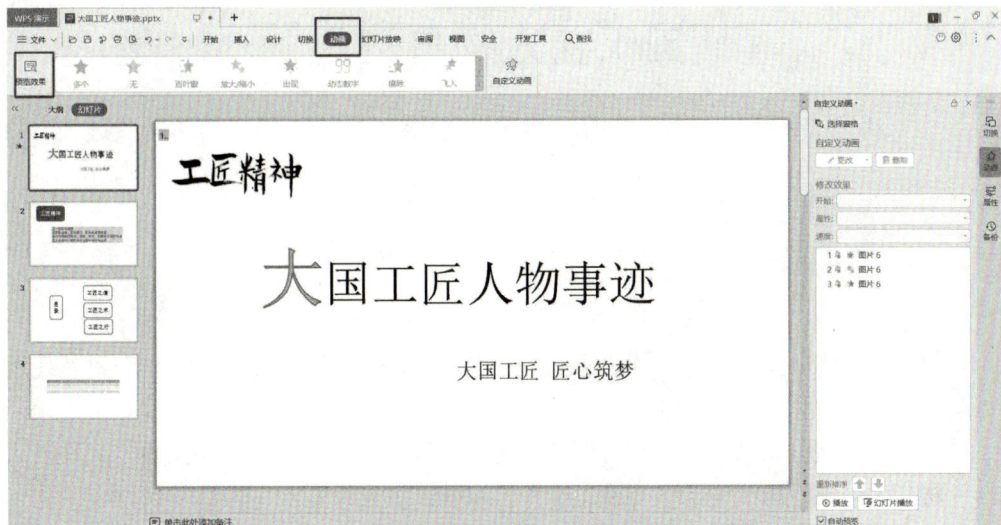

图3-82　预览动画效果

任务五

WPS演示的定稿

任务概述

熟练掌握演示文稿的保存与另存、文件打包。

一、保存与另存

演示文稿在制作过程中应及时地进行保存，以免因停电或没有制作完成就误将演示文稿关闭而造成不必要的损失。保存演示文稿有如下几种方法。

方法1　快速访问工具栏"保存"按钮保存。在菜单栏左侧的快速访问工具栏中，单击"保存"按钮，如图3-83所示。

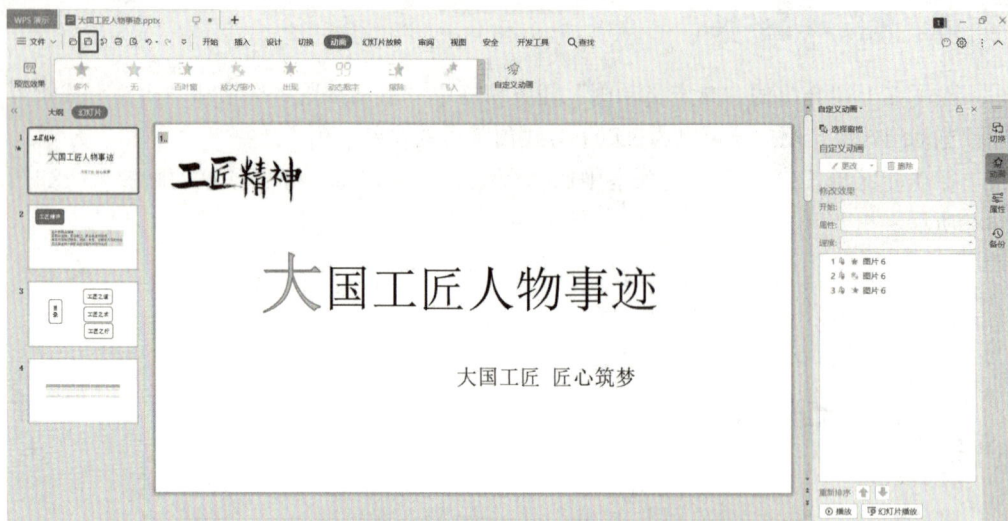

图3-83　通过快速访问工具栏中"保存"按钮保存

方法2　快捷键Ctrl+S保存。使用快捷键Ctrl+S可以保存演示文稿，用户应该熟练使用该组合键，养成经常保存的习惯。

方法3　"文件"菜单中"保存"或"另存为"命令保存。单击左上角"文件"菜单，在弹出的下拉菜单中选择"保存"命令，即可保存演示文稿，如图3-84所示。

图3-84　"文件"菜单中"保存"或"另存为"命令保存

或者选择"另存为"命令，会弹出"另存文件"对话框，在左侧选择保存位置，然后在"文件名"文本框内输入文件名称，单击"保存"按钮即可进行文件保存，如图3-85所示。

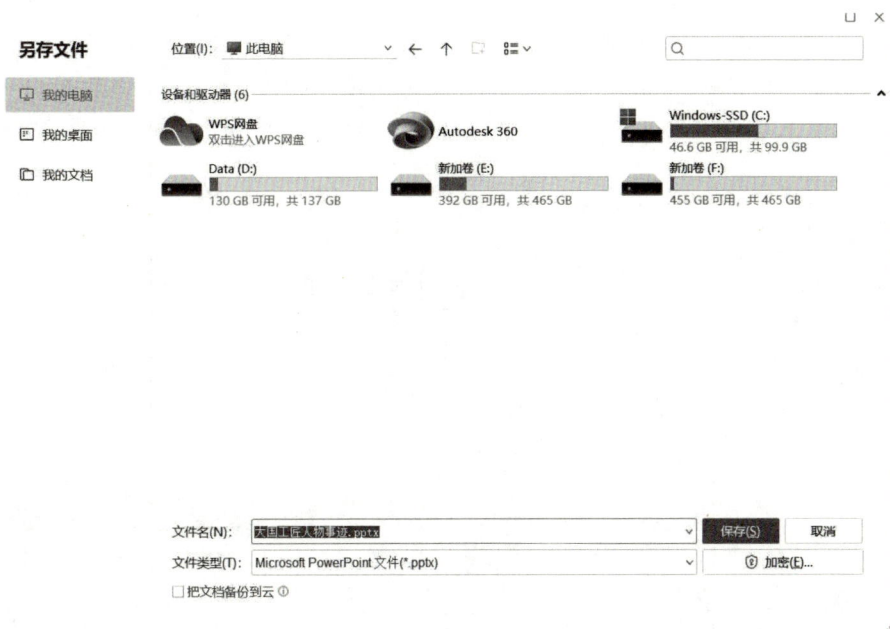

图3-85 "另存文件"对话框

另外，还可以将演示文稿另存为图片、PDF、视频等，具体操作方法如下：

单击"文件"菜单，在弹出的下拉菜单中将鼠标指针移动至"另存为"命令处，会显现"保存文档副本"子菜单，用户可根据需要选择另存类型，如图3-86所示。

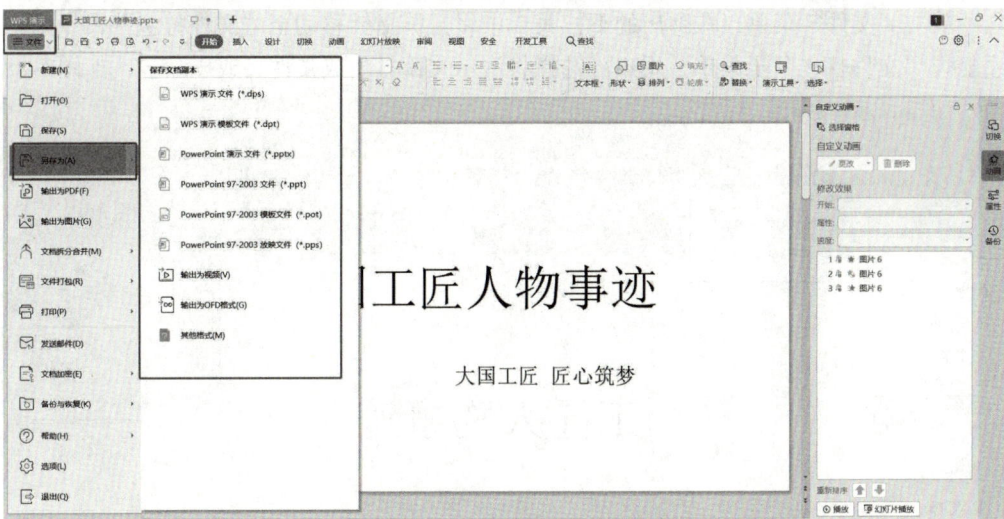

图3-86 另存为其他文件格式

单击"文件"菜单，在弹出的下拉菜单中分别选择"输出为PDF"或"输出为图片"命令，可以得到PDF或图片格式的文档，如图3-87所示。

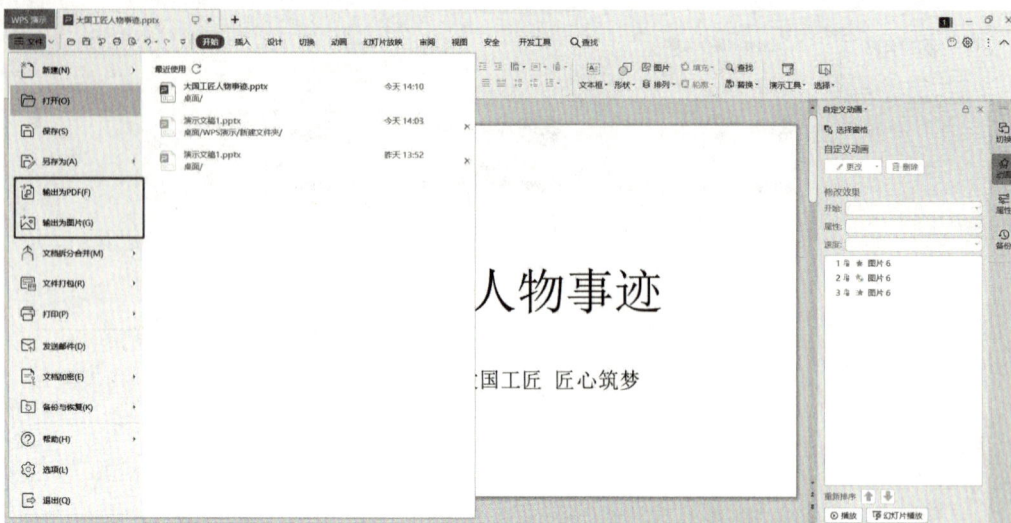

图3-87　输出为PDF或图片

二、文件打包

当演示文稿有链接外部的音视频时，可以使用文件打包功能将幻灯片打包以避免多媒体文件丢失，WPS演示可将演示文稿打包成文件夹或者压缩文件。具体操作方法如下：

单击"文件"菜单，在弹出的下拉菜单中将鼠标指针移动至"文件打包"命令处，会显现"文件打包"子菜单，用户可选择将演示文稿打包成文件夹或压缩包，如图3-88所示。

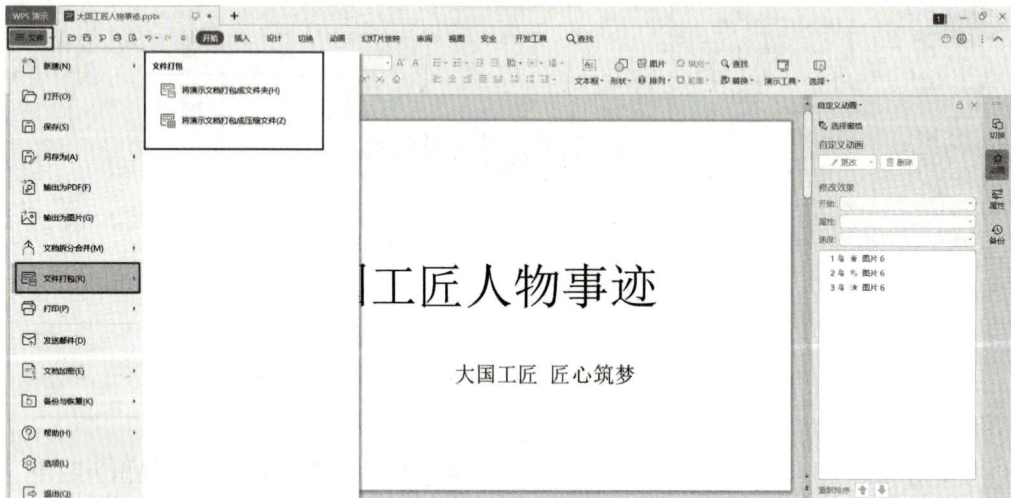

图3-88　文件打包

注意：如果文件未保存，会出现提示对话框，提示先保存文件。

此处以打包成文件夹为例说明，当选择"将演示文档打包成文件夹"命令时，会弹出"演示文件打包"对话框，如图3-89所示，填写文件夹名称，选择文件夹保存位置，单击"确定"按钮即可完成演示文稿打包。

图3-89　将演示文稿打包成文件夹

任务六

WPS演示的演示

任务概述

熟练掌握幻灯片放映、排练计时。

一、幻灯片放映

1.幻灯片放映方式

幻灯片放映有以下几种方法。

方法1　从头开始播放。单击"幻灯片放映"选项卡中的"从头开始"按钮，如图3-90所示，即可将所有幻灯片从头开始播放。此功能也可使用快捷键F5实现。

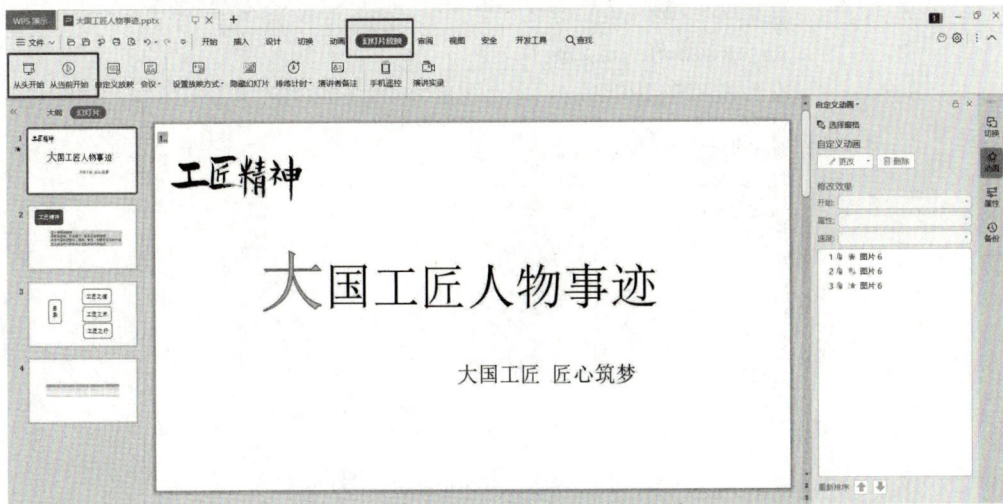

图3-90　"从头开始""从当前开始"播放

方法2　从当前开始播放。单击"幻灯片放映"选项卡中的"从当前开始"按钮，如图3-90所示，即可将所有幻灯片从当前页开始播放。此功能也可使用快捷键Shift+F5实现。

方法3　自定义放映。单击"幻灯片放映"选项卡中的"自定义放映"按钮，在弹出的"自定义放映"对话框中，单击"新建"按钮，如图3-91所示。

图3-91　自定义放映

弹出"定义自定义放映"对话框，在此对话框中，"幻灯片放映名称"文本框中可以自定义放映的名称，左侧的"在演示文稿中的幻灯片"列表框中显示当前演示文稿中所有的幻灯片，右侧"在自定义放映中的幻灯片"列表为自定义放映的幻灯片，单击选中左侧"在演示文稿中的幻灯片"列表里需要放映的幻灯片，单击"添加"按钮即可将选中的幻灯片加入"在自定义放映中的幻灯片"列表中，如图3-92所示。单击"确定"按钮后，会返回到"自定义放映"对话框，单击"放映"按钮即可放映仅在自定义列表中的幻灯片。

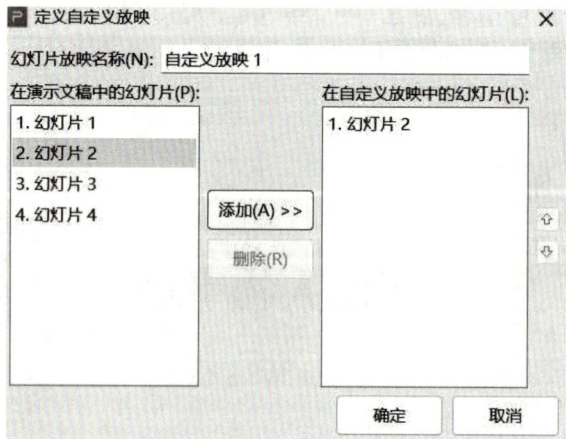

图3-92　"定义自定义放映"对话框

2.设置幻灯片放映方式

单击"幻灯片放映"选项卡中的"设置放映方式"下拉按钮，在弹出的下拉菜单中选择"设置放映方式"命令，如图3-93所示。

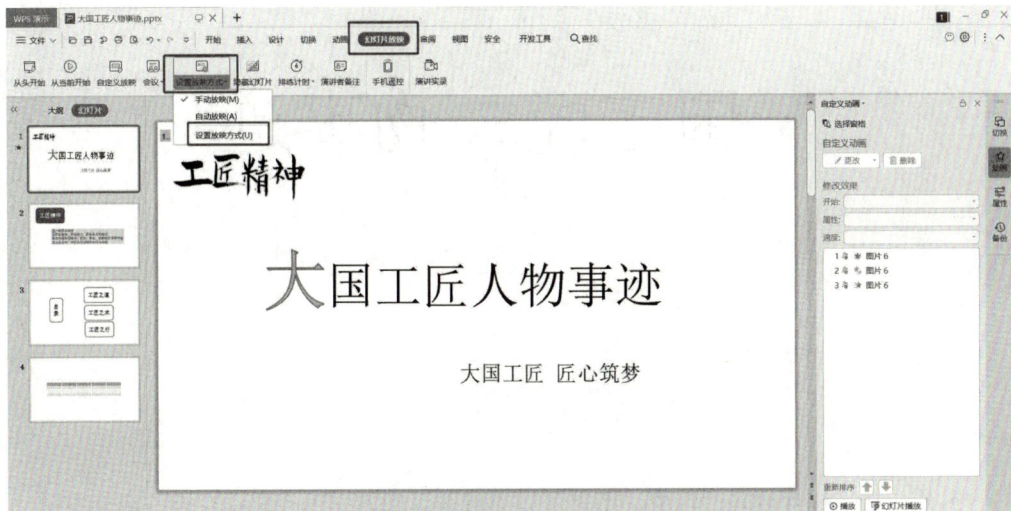

图3-93　放映设置

弹出"设置放映方式"对话框，在"放映类型"栏中选中"演讲者放映（全屏幕）"单选按钮，可以根据需要选择其他选项，单击"确定"按钮即可，如图3-94所示。

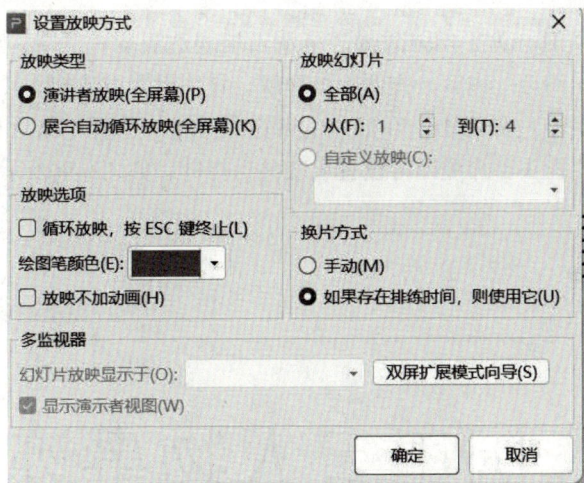

图3-94　"设置放映方式"对话框

3.结束放映

当要结束幻灯片放映时，可以通过两种方式。

方法1　按Esc键结束放映。

方法2　右击，在弹出的右键菜单中选择"结束放映"命令来结束放映，如图3-95所示。

工匠精神

大国工匠 物事迹

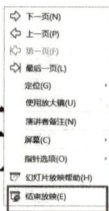

大国工匠 匠心筑梦

图3-95　结束放映

另外，在幻灯片放映过程中，用户可以通过键盘的方向键、鼠标左键、鼠标右键、编号+Enter键、翻页笔、手机遥控等方式对幻灯片进行翻页。

4.播放操作

（1）放映指针

在放映演示文稿时，为了增强效果，更清晰地表达演示者意图，经常需要在演示时借助放映指针来指示幻灯片内容，方便听众理解。具体设置方法如下：

放映状态下，在空白处右击，在弹出的右键菜单中，选择"指针选项"命令，在弹出的子菜单中选择"箭头"命令即可设置放映显示指针，如图3-96所示。

工匠精神

大国工　人物事迹

大　心筑梦

图3-96　指针选项

（2）使用放大镜

在放映演示文稿时，有些图表等内容可能太小，观众不能看清，此时就可以选择

"使用放大镜"功能来放大部分内容，具体设置方法如下：

在放映状态下，右击，在弹出的右键菜单中选择"使用放大镜"命令，如图3-97所示。选择"使用放大镜"命令后，即可在演示状态下放大幻灯片局部，在此界面中可以将幻灯片继续放大、缩小或恢复原大小。

图3-97　选择使用放大镜

（3）墨迹注释

在幻灯片演示的时候，有时候需要在幻灯片上写注释。写注释前需先设置画笔样式和画笔颜色。在放映状态下，右击，在弹出的右键菜单中选择"指针选项"命令，在弹出的子菜单中可以选择并设置画笔类型：箭头、圆珠笔、水彩笔和荧光笔，在"墨迹颜色"命令处，在弹出的子面板中单击相应的颜色即可进行墨迹颜色的设置，如图3-98所示。

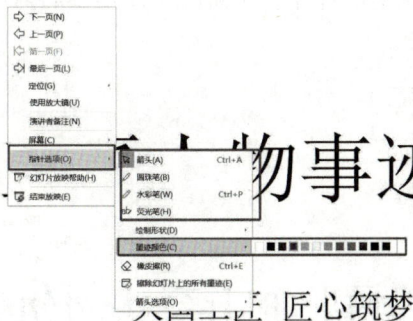

图3-98　设置墨迹颜色

选择好画笔后，鼠标指针即变为画笔模样，此时就可以在幻灯片上书写注释，按Esc键可以退出墨迹注释。当用户在幻灯片放映时书写过注释，结束幻灯片放映时，会弹出"是否保留墨迹注释？"对话框，可根据实际需要选择，如图3-99所示。

大国工匠人物事迹.pptx - WPS 演示
是否保留墨迹注释?
保留(K)
放弃(D)

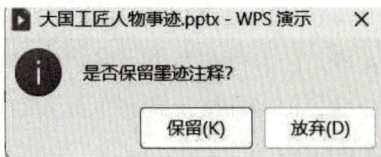

图3-99 “是否保留墨迹注释?”对话框

二、排练计时

当制作好演示文稿后，用户可以通过“排练计时”功能进入排练模式，演讲者就可以对演讲时间进行计时估算。

步骤1 单击“幻灯片放映”选项卡中的“排练计时”下拉按钮，在弹出的下拉菜单中可以选择排练当前页还是排练全部幻灯片，选择相应命令即可进入排练模式，如图3-100所示。

工匠精神
大国工匠人物事迹
大国工匠 匠心筑梦

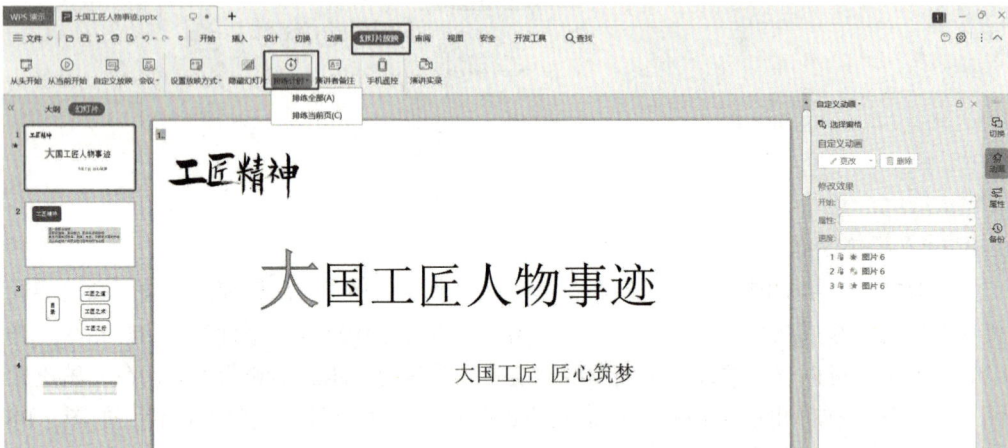

图3-100 排练计时

步骤2 以“排练全部”为例，在放映界面上方可以看到预演计时器，左侧倒三角的功能是下一项，作用是对幻灯片进行翻页，如果要暂停计时就单击“暂停”按钮，如图3-101所示。

0:00:12
0:00:12
大国工匠人物事迹
大国工匠 匠心筑梦

图3-101 预演计时器

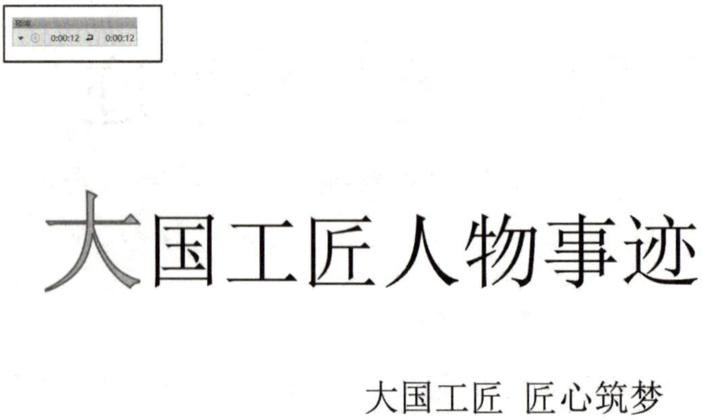

步骤3　预演计时器左右两个计时时长分别是：左侧的时长是本页幻灯片的单页演讲时间计时，右侧的时长是全部幻灯片演讲总时长计时。单击"重复"按钮，可以重新记录单页时长的时间，并且总时长会重新计算此页时长。

步骤4　按Esc键可以退出计时模式。单击"是"按钮保存本次演讲计时，此时可见每张幻灯片单张演讲时长是多少，如图3-102所示。

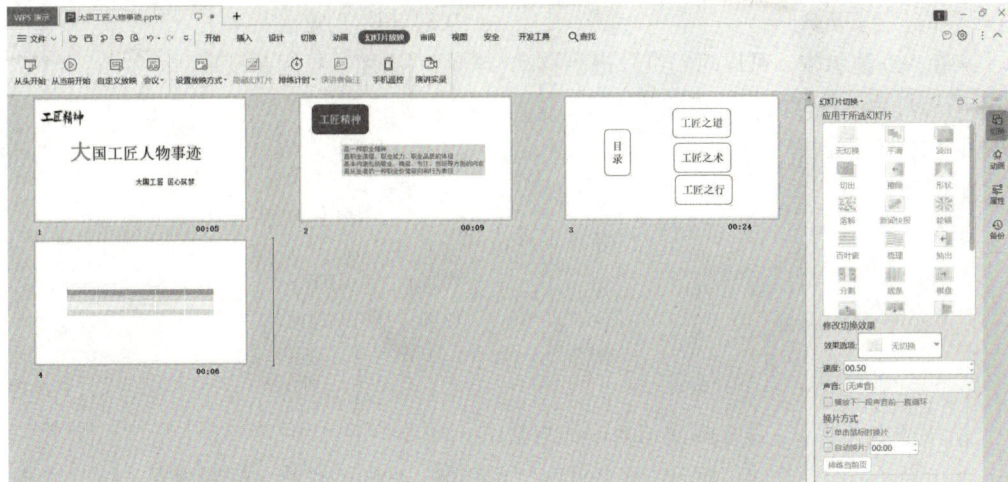

图3-102　排练演讲时长

自我测试

一、判断题

1.在WPS演示窗口中，一次只可以打开一个文件。　　　　　　　　　　　　　（　　　）

2.在WPS演示中，一个对象只能设置一个自定义动画。　　　　　　　　　　　（　　　）

3.一个演示文稿必须包含多张幻灯片，不能只有一张幻灯片。　　　　　　　　（　　　）

4.用WPS演示制作演示文稿时，如果用户对已定义的版式不满意，只能重新创建新演示文稿，无法重新选择版式。　　　　　　　　　　　　　　　　　　　　　（　　　）

二、选择题

1.WPS演示主要用于（　　　　）。

　A.数据计算、统计分析

　B.声音编辑与合成

　C.图像制作、视频编辑

　D.设计制作广告宣传、项目研究报告、产品演示等（各种会议、专家报告、学校教学等领域）

2.我们在使用WPS演示时，在状态栏出现了"幻灯片5/8"一行文字，该行文字表达的意义是（　　　　）。

　A.一共有8张幻灯片，当前正在编辑的是第5张

　B.一共有8张幻灯片，当前成功编辑了5张

C.一共有8张幻灯片，当前成功编辑了八分之五

D.一共有8张幻灯片，当前还有5张没有进行编辑

3.在WPS演示中要设置幻灯片换页的效果为"盒状展开"，应当选择"幻灯片放映"菜单中的（　　　）。

A.自定义放映　　　　　　　　　　　　B.设置放映方式

C.自定义动画　　　　　　　　　　　　D.幻灯片切换

4.在WPS演示中，可以对幻灯片进行移动、删除、添加、复制、设置动画效果，但不能编辑幻灯片中具体内容的视图是（　　　）。

A.幻灯片放映　　　　　　　　　　　　B.幻灯片浏览

C.普通　　　　　　　　　　　　　　　D.大纲

5.在WPS演示中，幻灯片母版的设置可以（　　　）。

A.统一整套幻灯片的风格　　　　　　　B.统一标题内容

C.统一图片内容　　　　　　　　　　　D.统一页码内容

三、实作题

请按照如下要求完成WPS演示的设计与制作。

1.在第一张幻灯片前，插入一张版式为"仅标题"的新幻灯片，标题输入"防范雷暴天气"；设置页面切换方式为"擦除"，效果选项为"右下"，然后将切换应用于所有幻灯片。

2.在第二张幻灯片中，完成以下操作：

（1）在位置（水平4厘米，自左上角，垂直5厘米，自左上角）插入1个圆角矩形形状。

（2）圆角矩形高度3厘米、宽度8厘米，为形状填充为"灰色-25%，背景2"，形状轮廓为蓝色。

（3）在形状中输入文字"什么是雷暴天"，字体样式为"微软雅黑、加粗、黑色、28"。

（4）在该圆角矩形的正下方再插入一个格式、字体与其相同的圆角矩形，新的圆角矩形内容输入"雷暴天注意事项"，并以第一个文本框为准，两个文本框水平居中。

（5）在幻灯片右侧插入基本形状中的"闪电型""云型"，并为这两个形状填充红色，然后自行调整这两个形状的大小和位置。

3.在第三张幻灯片中，完成以下操作：

（1）将标题内容段落居中对齐，左侧内容区域文字字体设为"微软雅黑、20"，段落设为"1.5倍行距"。

（2）右侧内容区域插入素材图片"雷暴天.jpg"，图片高度设为8厘米，宽度设为13厘米。

4.在第四张幻灯片中，完成以下操作：

（1）将标题内容段落居中对齐。

（2）将内容区域中5个文本框以最上面的文本框为基准，将5个文本框调整为等高、等宽；然后将这5个文本框设置相对于幻灯片水平居中。

项目四
WPS Office PDF

项目导读

WPS PDF是针对PDF文档的阅读和处理软件。为了方便阅读，该软件具有播放模式、阅读模式还可以旋转文档页面。在阅读中也可以根据个人喜好设置页面显示方式、设置文档背景色等个性化操作，在处理文档方面还具有文档拆分功能。

知识目标

了解WPS PDF的基本操作；
熟悉WPS PDF各个功能区的作用。

能力目标

能够根据PDF掌握各界面的功能；
能够熟练掌握PDF的页面管理。

素质目标

培养职业道德；
培养不断学习、不断创新的进取精神；
培养团队协作精神和较强的独立工作能力。

WPS PDF基础操作

任务概述

本任务是使读者了解WPS PDF的工作界面，以及阅读模式和播放模式。

WPS PDF的工作界面主要由标签栏、功能区、编辑区、导航窗格、任务窗格、状态栏6部分组成，如图4-1所示。

● 标签栏：主要用于标签的切换和窗口控制。标签切换是指在不同标签间单击进行切换或关闭标签。窗口控制主要是登录/切换/管理账号以及切换/缩放、关闭工作窗口。

● 功能区：主要包括阅读选项卡、文件菜单、快速访问工具栏、协作状态区等。

● 编辑区：内容呈现的主要区域。

● 导航窗格：主要提供文档缩略图、附件、标签视图的导航功能。

● 任务窗格：提供一些高级功能的辅助面板，如执行查找操作时将自动展开。

● 状态栏：提供文档状态和视图控制。如在状态栏可以显示PDF文档总的页数、进行文档的翻页或页面跳转，也提供页面缩放和预览方式设置等。

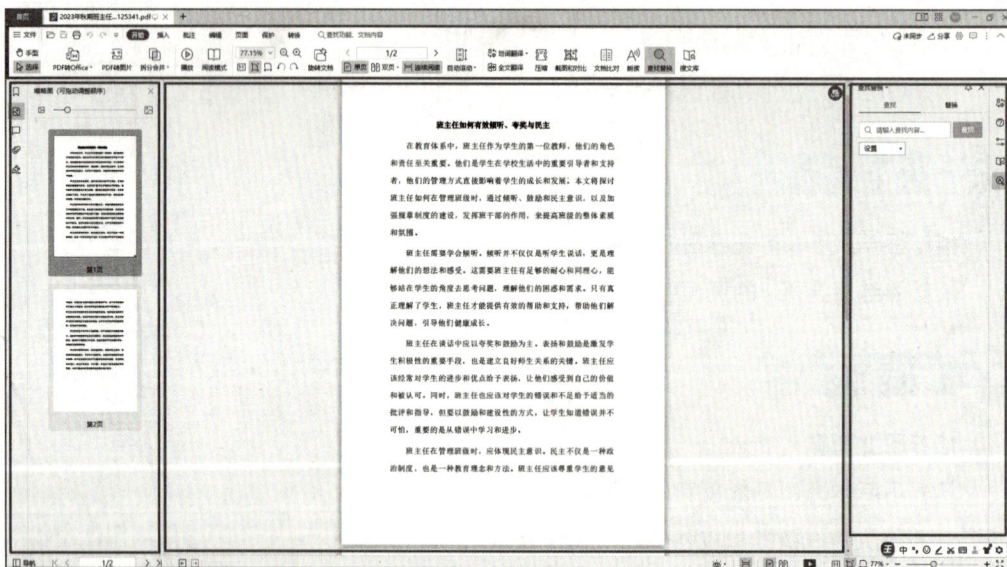

图4-1　界面介绍

1.打开文档

使用WPS PDF组件打开PDF文档，可以通过以下方法完成。

方法1　双击WPS Office，进入到WPS PDF页，单击主导航栏"打开"按钮，如图4-2所示。

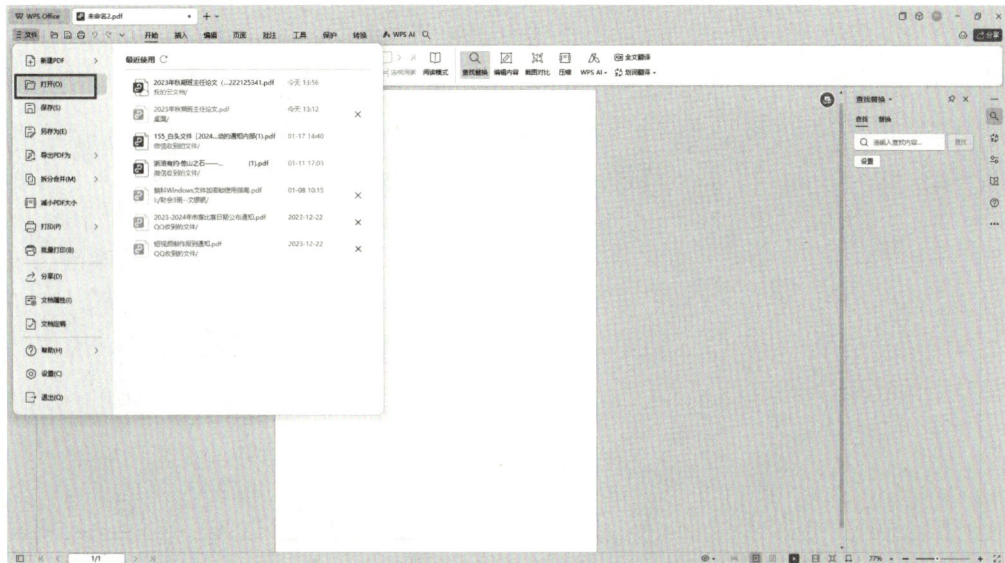

图4-2　WPS PDF打开

　　在弹出的"打开文件"对话框中选择要打开的PDF文档，单击"打开"按钮，即可打开PDF文档，如图4-3所示。

图4-3　"打开文件"对话框

　　方法2　在已打开PDF文档界面，选择"文件"菜单中的"打开"命令或单击快速访问工具栏中的"打开"按钮，即可弹出"打开文件"对话框，在对话框中选择要打开的文档即可打开PDF文档，如图4-4所示。

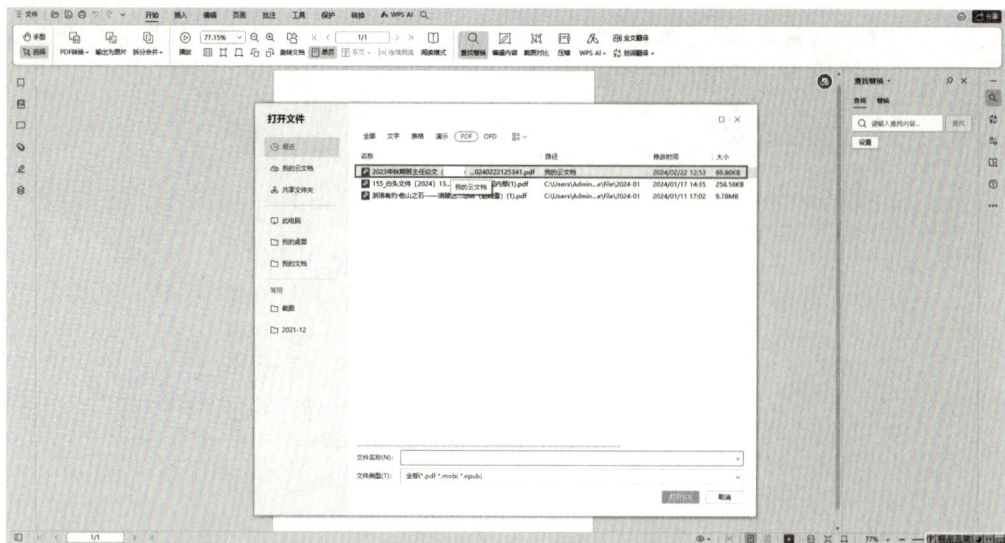

图4-4 "文件"菜单打开

方法3 在计算机中将PDF默认的打开方式设置为WPS PDF后，双击PDF文档即可用WPS Office PDF软件打开PDF文档。

2.阅读模式和播放模式

长时间的办公会让人非常疲劳，使用WPS PDF的阅读模式和播放模式可以使PDF页面更简洁，让用户可以更加专注于PDF内容，下面分别介绍这两种模式。

（1）阅读模式

当打开PDF文档后，单击"阅读"选项卡中的"阅读模式"按钮即可进入阅读模式，如图4-5所示。

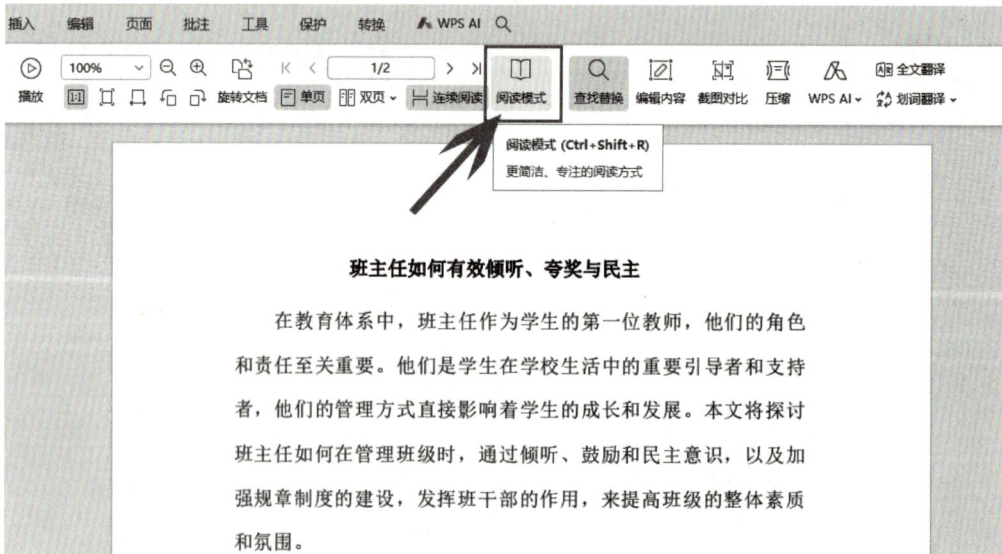

图4-5 阅读模式

①在阅读模式下，单击"视图"下拉按钮，如图4-6所示，在弹出的下拉菜单中可以设置展示单页、多页还是连续阅读模式，此处选择"双页"命令。

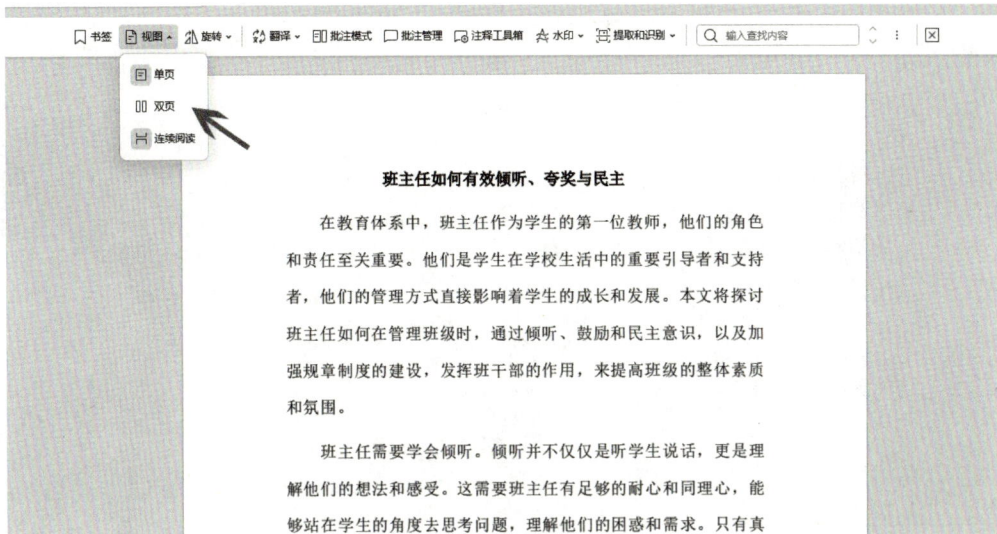

图4-6 "双页"视图

②单击"旋转"下拉按钮，在弹出的下拉菜单中可以设置当前页面顺时针旋转90°或逆时针旋转90°或整个PDF文档进行旋转，此处以选择顺时针90°命令旋转第一页，效果如图4-7所示。

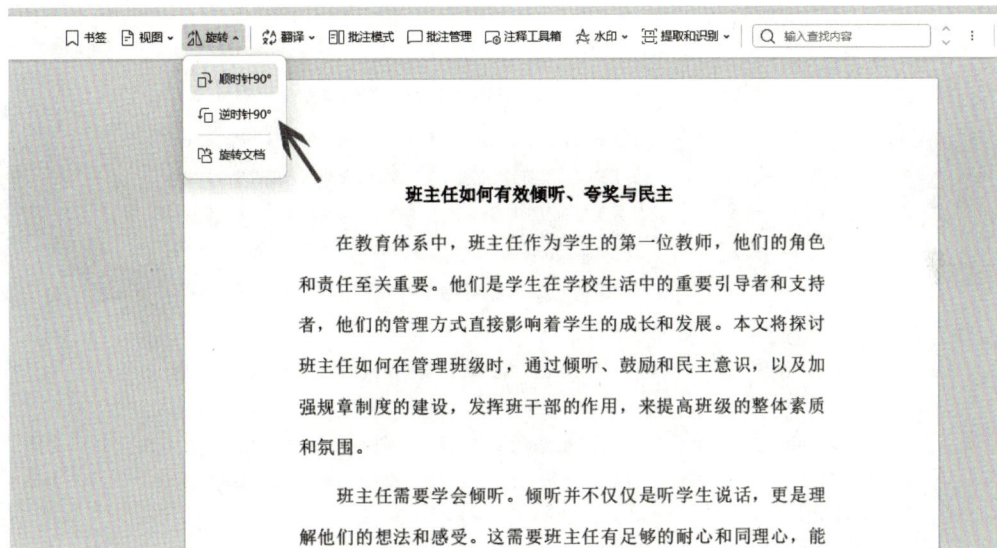

图4-7 旋转文档

③有时候打开的文档页数大多，书签可以帮用户快逃定位特定的文档位置。单击"书签"按钮可以打开"书签"导航窗格，若是文档有书签则在导航窗格中显示。单击"查找"快捷搜索框，可以在文本框中输入要查找的内容，按Enter键进行查找，如图4-8所示。

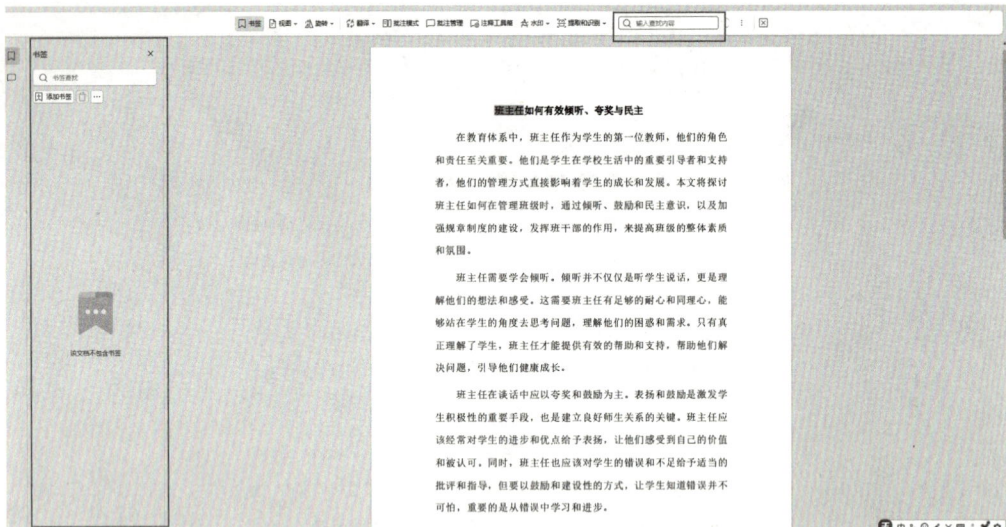

图4-8 "阅读模式"下"书签"导航模式

④若想退出阅读模式，单击右侧的"退出阅读模式"按钮即可，如图4-9所示。

图4-9 退出阅读模式

（2）播放模式

打开PDF文档后，单击"阅读"选项卡中的"播放"按钮即可进入播放模式。该模式类似于演示文稿的放映模式，如图4-10所示。

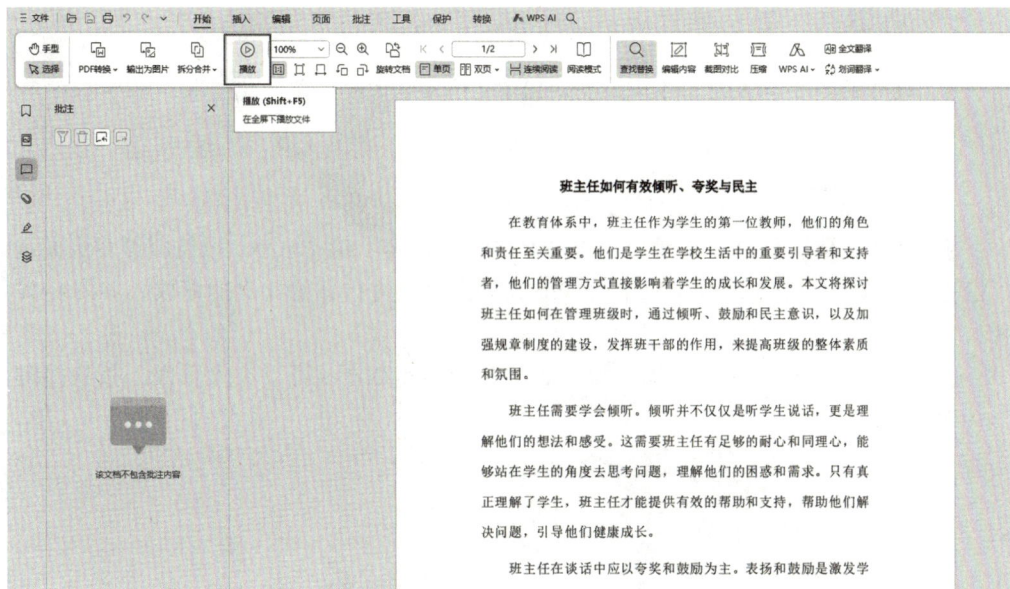

图4-10　播放模式

①在播放模式下，右上角会自动显示出浮动工具栏，如图4-11所示。在该工具栏中可以单击"放大""缩小""上一页""下一页"按钮进行相应放大、缩小、翻页操作。

图4-11　播放模式-浮动工具栏

②退出"播放模式"有两种方法。

方法1　单击浮动工具栏中的"退出播放"按钮，即可退出播放模式。

方法2　按Esc键，也可退出播放模式。

任务二

WPS PDF页面管理

任务概述

本任务是使读者了解WPS PDF的缩放、页面显示、连续阅读、自动滚动、查找等功能，能准确拆分或合并文档。

一、缩放

为了便于满足不同人群、不同设备对PDF文档显示大小的差异化需求，WPS PDF 提供文档缩放的功能。

1.任意比例放大缩小

打开PDF文档后，单击"阅读"选项卡中的"放大"或"缩小"按钮即可对页面进行相应放大或缩小操作，也可以单击"缩放"组合框进行任意比例的缩放，如图4-12所示。

还可以使用快捷键来进行缩放操作，如按快捷键Ctrl++可以放大页面，按快捷键Ctrl+-可以缩小页面。

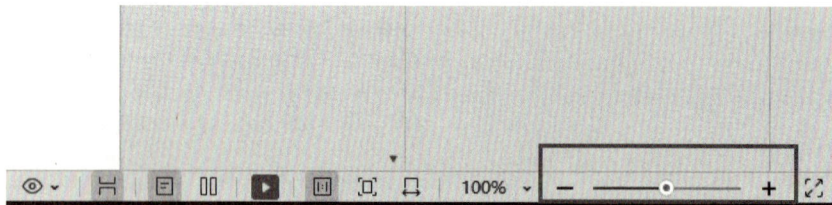

图4-12　任意比例缩放页面

2.固定比例缩放

WPS PDF同时为用户提供了一些固定大小比例的缩放按钮帮助快速设置页面大小，如在"阅读"选项卡中单击"实际大小""适合宽度""适合页面"等按钮进行相应设置，如图4-13所示。

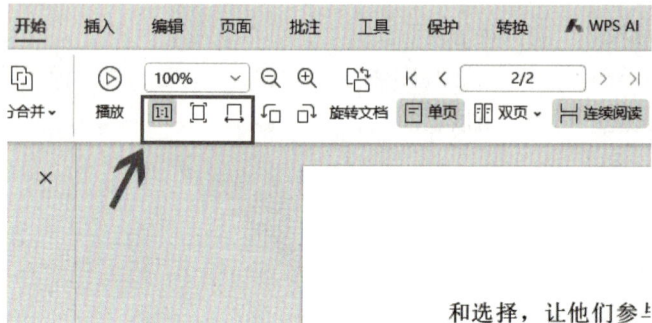

图4-13　固定比例缩放

二、页面显示

编辑区是页面显示的主要区域，在该区域可以进行相关设置来调整不同的页面显示效果，如单页显示、双页显示、页面自动滚动等。

1.单页显示

单击"阅读"选项卡中的"单页"按钮，即可单页显示，此时在编辑区中仅显示一页文档，如图4-14所示。

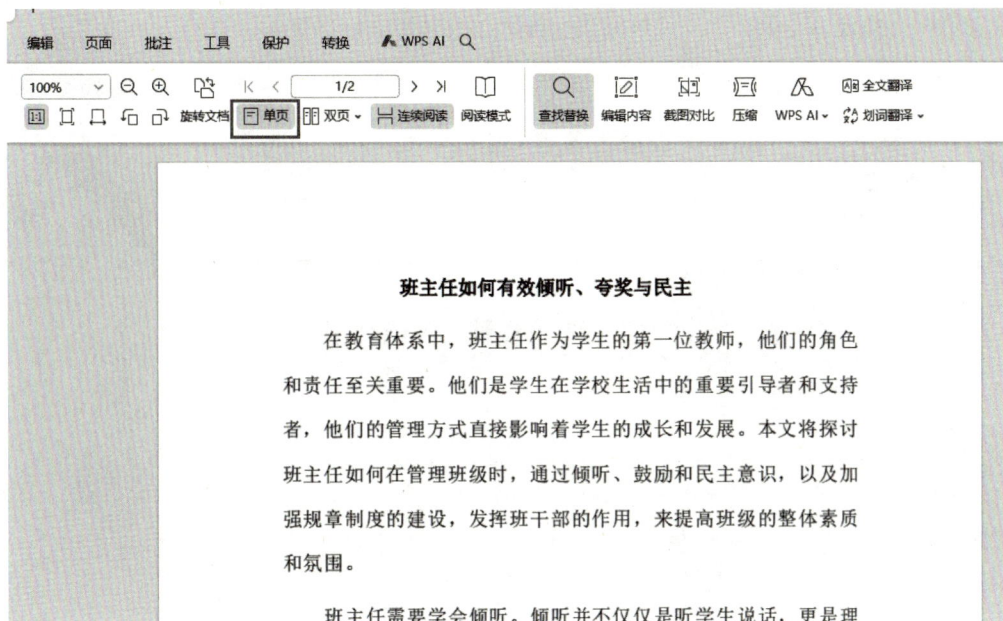

图4-14　单页显示

2.双页显示

单击"阅读"选项卡中的"双页"按钮，即可双页显示，此时在编辑区中并排显示两页文档，如图4-15所示。

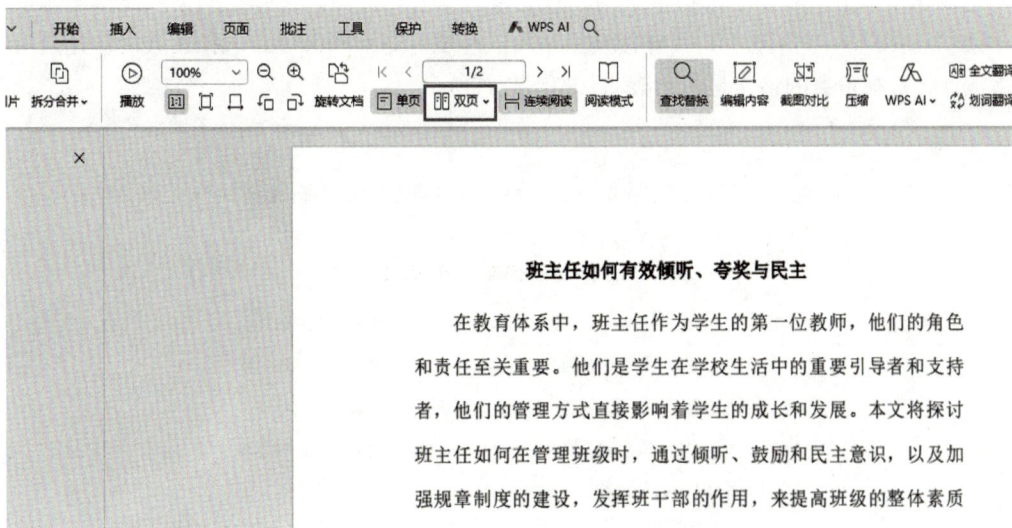

图4-15　双页显示

3.连续阅读

连续阅读是指不间断地滚动页面进行浏览，在仅选择"单页"或"双页"显示的时候，编辑区中纵向仅显示一页，页与页之间是断开的。若是单击"阅读"选项卡中的"连续阅读"按钮，即可进入连续阅读页面，此时在编辑区中页与页之间可以不间断地滚动浏览。此处以"单页""连续阅读"为例，效果如图4-16所示。

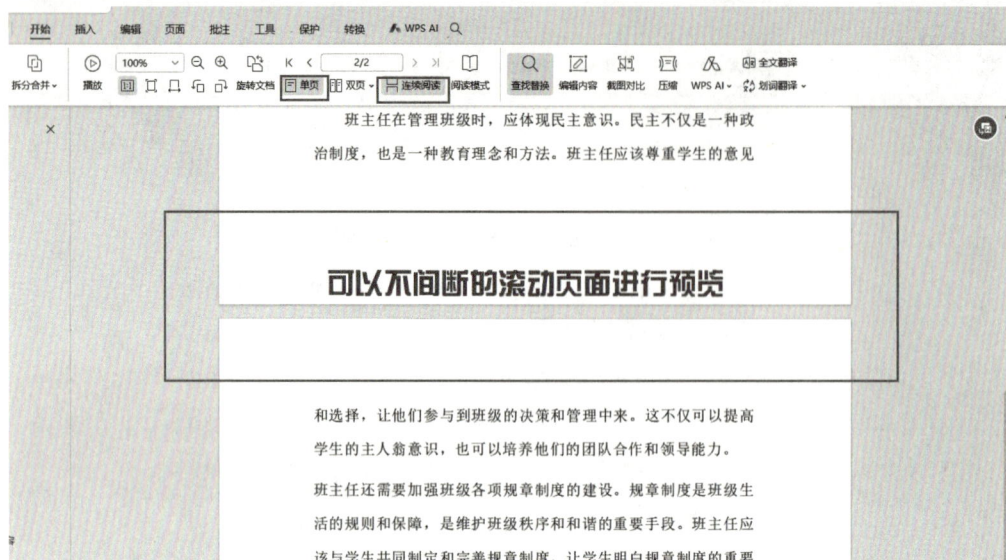

图4-16　连续阅读

4.自动滚动

在阅读PDF文档时，若是想让文档按照一定的速度自动滚动，就可以使用自动滚动功能。

步骤　单击"阅读"选项卡中的"自动滚动"下拉按钮，在弹出的下拉菜单中选择"-2倍速度""-1倍速度""1倍速度""2倍速度"等不同命令，选择正数的倍速是向下滚动，选择负数的倍速是向上滚动，如图4-17所示。

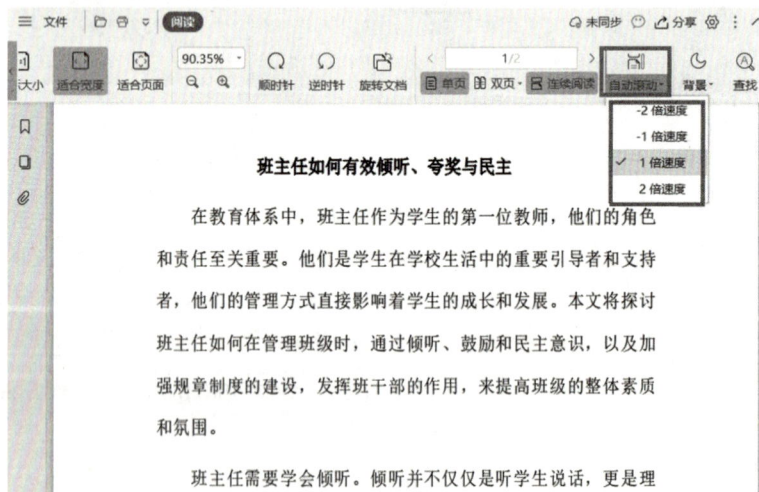

图4-17　自动滚动

5.页面跳转

有时在阅读PDF文档时，希望快速跳转到某指定页面，可以使用"页面跳转"文本框来实现此动能。

步骤　单击"阅读"选项卡中的"页面跳转"文本框，在该文本框里面输入页码并按Enter键后可以跳转到指定页面。同时在该文本框两侧有"下一页""上一页"按钮，单击即可实现显示下一页、上一页操作，如图4-18所示。

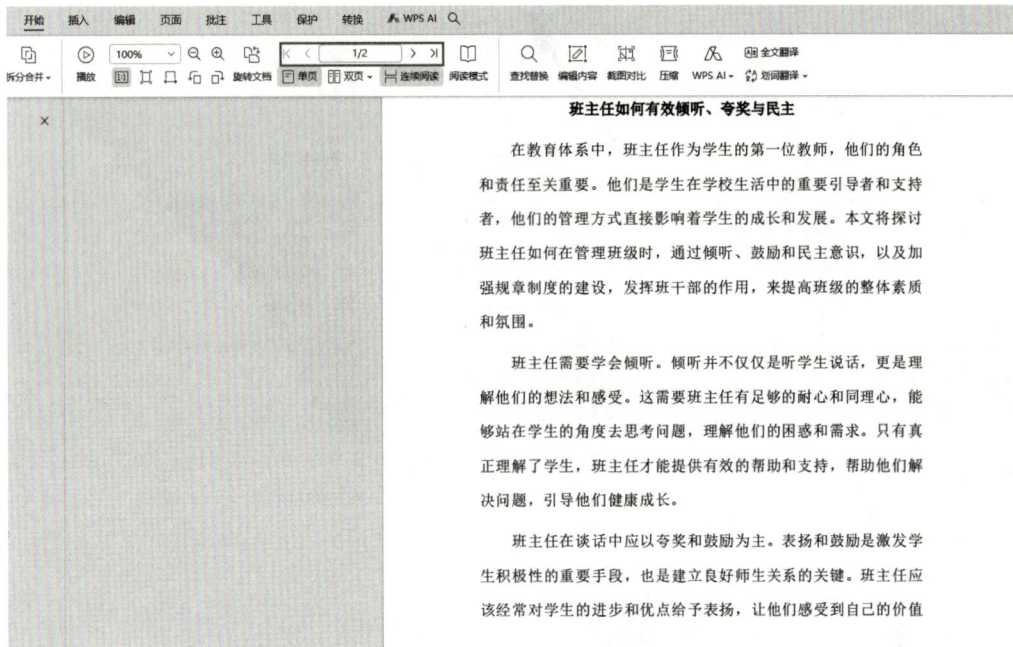

图4-18　页面跳转

此外，在阅读PDF文档时，鼠标指针符号可以在"手型"和"选择"之间进行切换，选择"手型"时，鼠标指针变成"手型"，按住鼠标左键可以上下拖动文档；选择"选择"时，鼠标指针变成"箭头"，此时可以按住鼠标左键选中文档中的内容进行复制等操作。具体有两种操作方法。

方法1　单击"阅读"选项卡中的"手型"或"选择"按钮即可完成相应的切换，如图4-19所示。

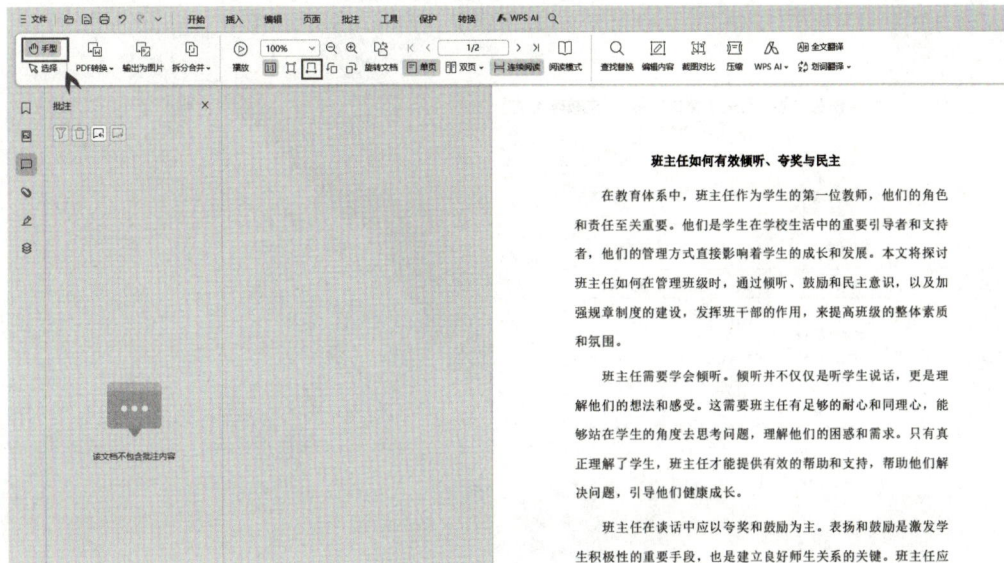

图4-19　功能区选择"手型"

方法2 在编辑区右击，在弹出的右键菜单中选择"手型"或"选择"选项进行切换，如图4-20所示。

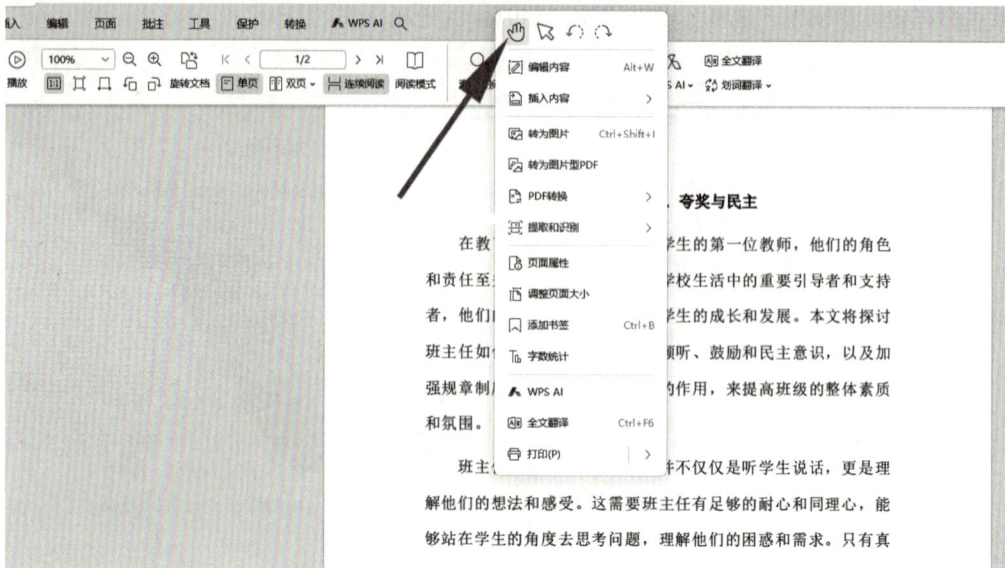

图4-20 右键选择"手型"

三、查找

为方便快速定位文档中的内容，WPS PDF提供了查找功能，单击"阅读"选项卡中的"查找"按钮，在右侧弹出"查找"任务窗格，在此窗格的"查找"文本框中输入要查找的内容，文本框下面有"英文整词搜索""区分大小写""包括书签""包括注释"复选框。可以根据需要做出选择，如图4-21所示。

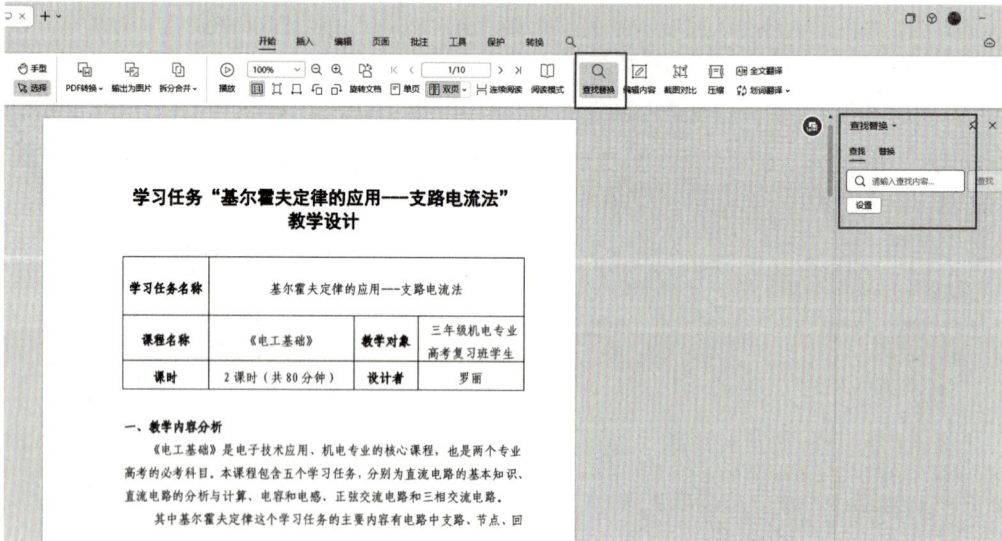

图4-21 查找

四、文档拆分合并

在工作和学习过程中，有时需要将一个PDF文档拆分成多个文档，有时又需要将多个PDF文档合并成一个文档，此时就需要用到拆分合并文档的功能。

1.文件拆分

步骤1　单击"文件"选项，在下拉菜单中选择"文档拆分合并"命令下的"拆分文档"命令，如图4-22所示。

图4-22　文档拆分

步骤2　弹出拆分文档对话框，在此对话框中选择要拆分的文档，如图4-23所示。

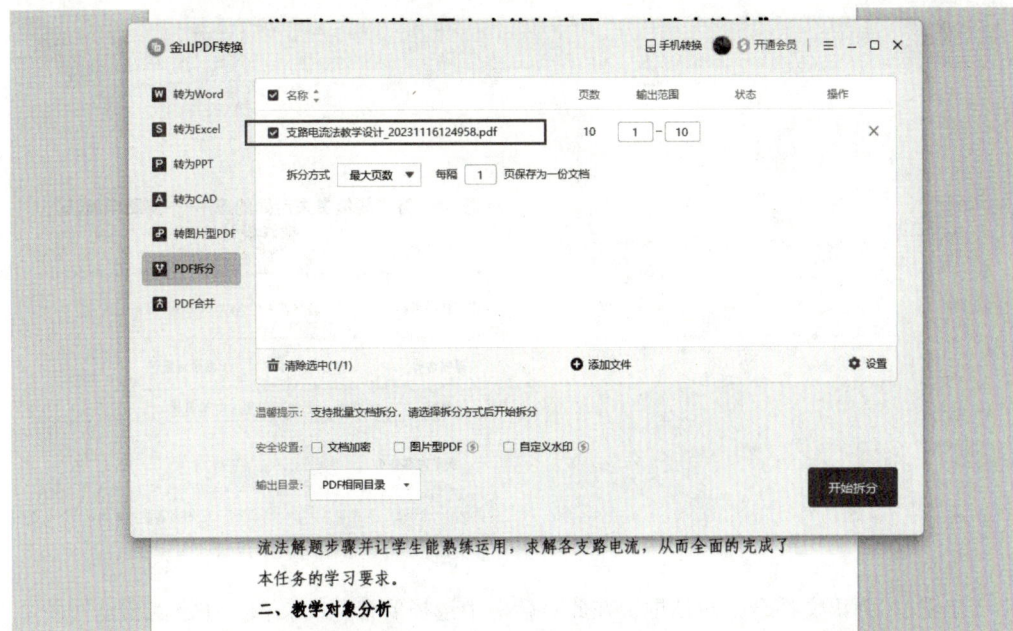

图4-23　文档拆分对话框

步骤3 单击"下一步"按钮，然后选择"拆分方式""输出目录""拆分范围等内容，选择好后单击"开始拆分"按钮即可按照刚才设定的拆分要求进行拆分操作，如图4-24所示。

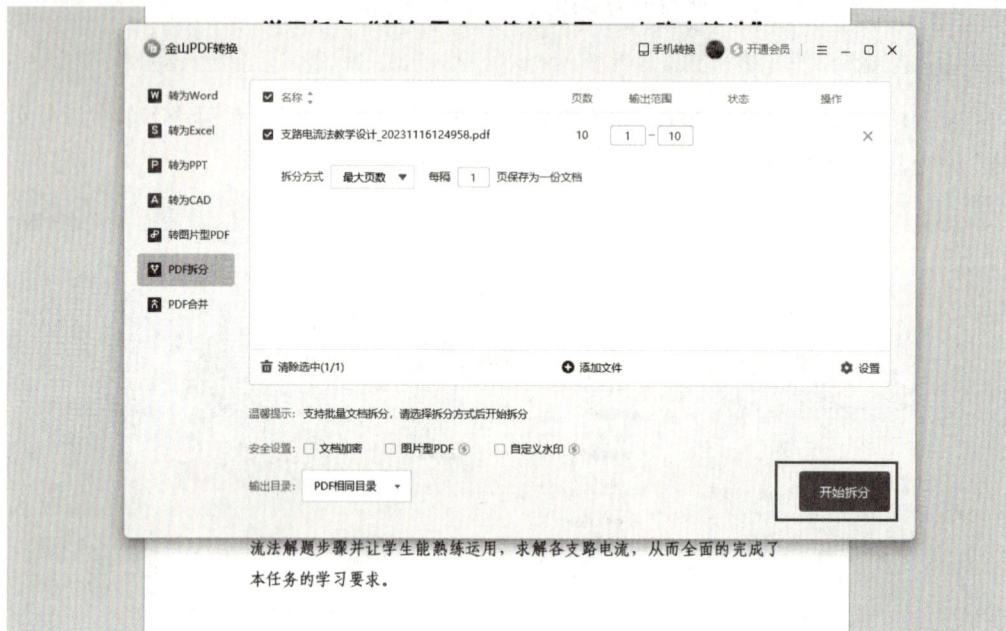

图4-24 "文档拆分"参数设置

2.合并文档

步骤1 单击"文件"选项，在下拉菜单中选择"文档拆分合并"命令下的"文档合并"命令，如图4-25所示。

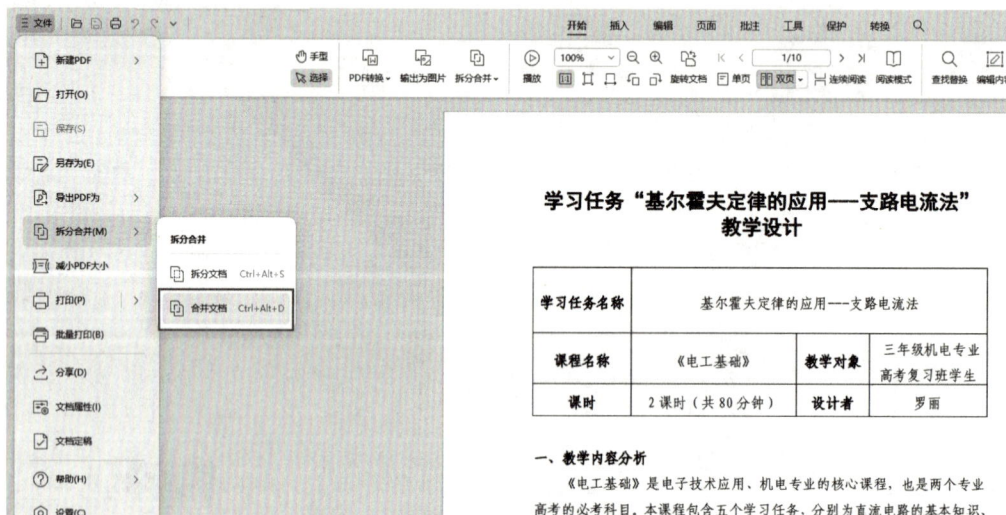

图4-25 文档合并

步骤2 弹出文档合并对话框，在此对话框中选择要合并的文档，注意需要选择两个以上相同类型的文档，单击对话框中的"添加更多文件"按钮，在弹出的"选择文件"

对话框中选择要合并的文件，如图4-26所示。

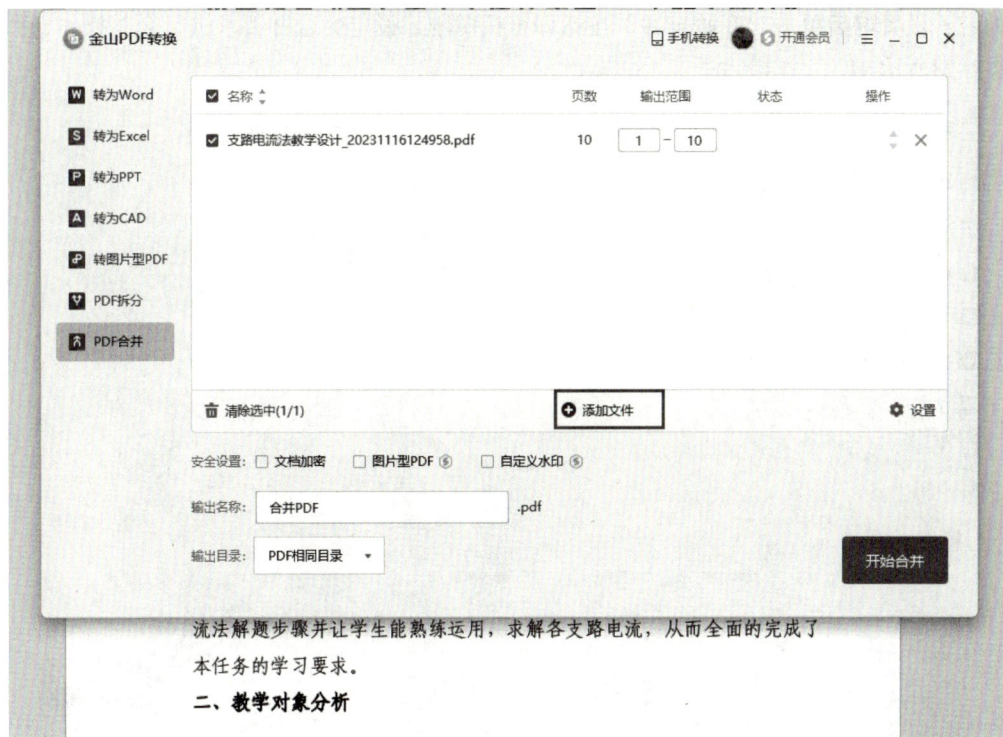

图4-26 "选择文件"对话框

步骤3 单击"打开"按钮即可将所选文件添加到需要合并的文档列表中，如图4-27所示。

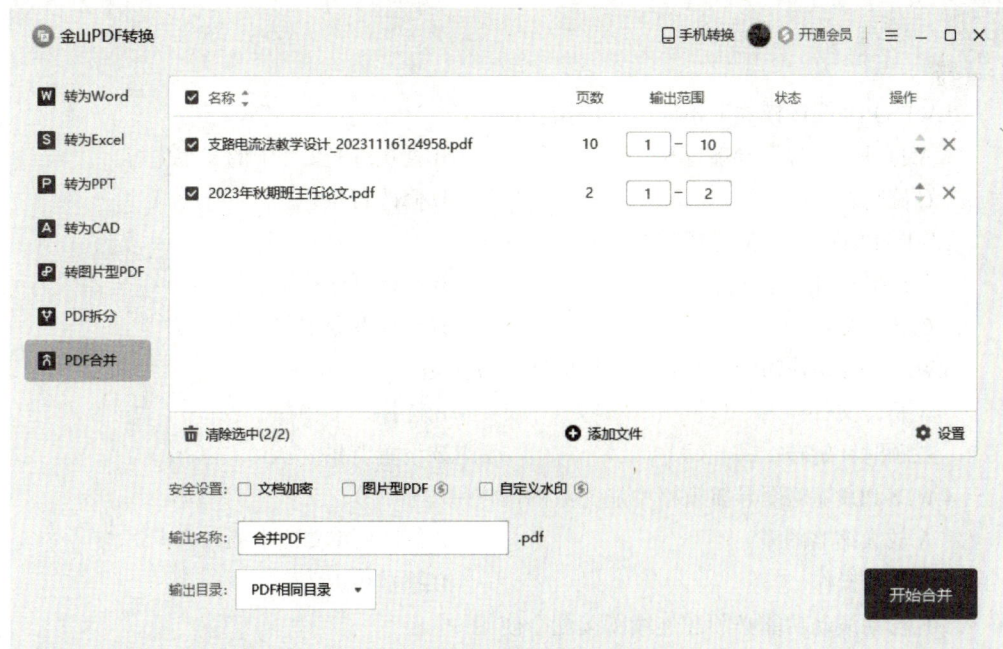

图4-27 "文档合并"对话框

步骤4　单击"下一步"按钮，然后选择"合并范围""输出名称""输出范围"等内容，设置好后单击"开始合并"按钮即可按照刚才设定的合并要求进行合并操作，如图4-28所示。

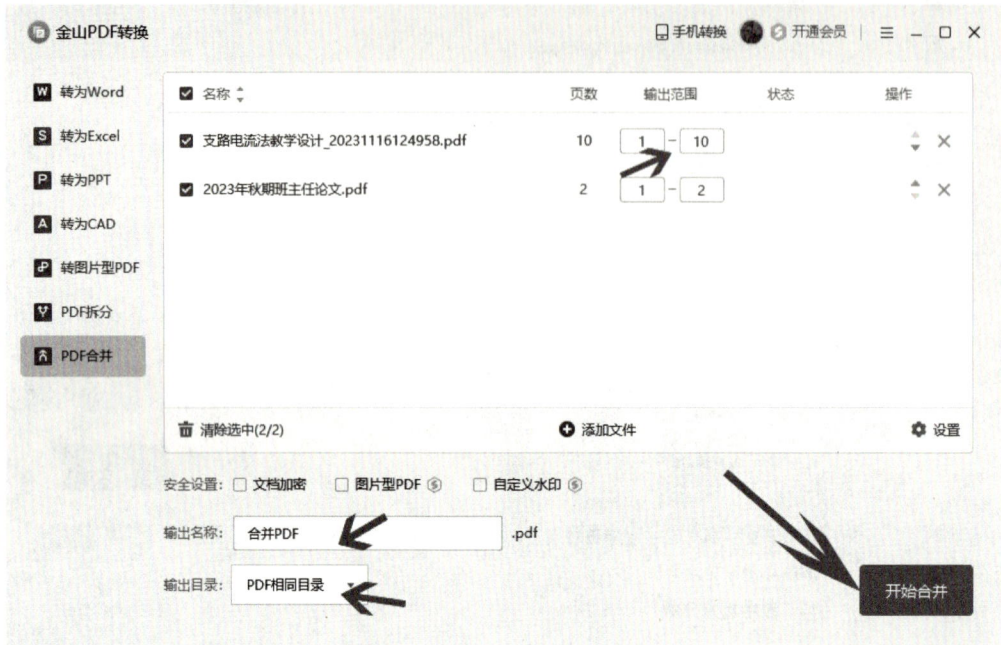

图4-28　文档合并的参数设置

自我测试

一、选择题

1.WPS PDF阅读模式下不能完成的操作是（　　　　）。

　　A.打开"书签"导航窗格　　　　　　　　B.查找PDF文件中的文字内容

　　C.旋转页面　　　　　　　　　　　　　　D.修改背景色

2.WPS PDF标签栏能完成的操作是（　　　　）。

　　A.PDF文档内容查找　　　　　　　　　　B.进行页面设置

　　C.合并文档　　　　　　　　　　　　　　D.切换登录账号

3.WPS PDF快速访问工具栏中默认的功能按钮是（　　　　）。

　　A.打开文件　　　　　　　　　　　　　　B.选择"手型"

　　C.顺时针旋转　　　　　　　　　　　　　D.设置背景

4.WPS PDF缩略图导航窗格中能完成的操作是（　　　　）。

　　A.放大缩略图　　　　　　　　　　　　　B.修改PDF文档中的内容

　　C.查找操作　　　　　　　　　　　　　　D.播放PDF文档

　　E.自动滚动功能必须和连续阅读配合使用

　　F.滚动速率可以通过自定义设置任意值

5.WPS PDF播放模式下可以进行的操作是（　　　　）。

A.放大PDF文档　　　　　　　　　　B.查找PDF文档中的内容

C.顺时针旋转PDF文档　　　　　　　D.设置背景

6.关于WPS PDF文档拆分功能描述错误的是（　　　）。

A.可以同时将两个文档进行拆分

B.可以设置PDF文档的拆分范围

C.拆分方式只有平均拆分

D.设置拆分文档的时候，保存路径和源文件相同

7.以下功能不属于"阅读"选项卡中的是（　　　）。

A.设置文档双页显示　　　　　　　　B.缩放文档

C.给文档添加批注　　　　　　　　　D.修改文档背景

二、填空题

1.在WPS PDF中，要在全屏下播放文件，可以通过单击_____按钮进行操作。

2.在WPS PDF中，对文档进行缩小的快捷键是_____。

3.在WPS PDF中，设置并排显示两页文档的功能按钮的名称是_____。

4.在WPS PDF中，退出自动滚动模式的快捷键是_____。

5.要在WPS PDF中设置连续阅读，应在_____选项卡中进行操作。

6.在WPS PDF导航窗格中，主要包括书签、附件和_____3个选项卡。

7.在WPS PDF中，可以通过单击_____按钮，实现页面缩放比例和窗口大小相适应。